AF591296

L'UNIVERSITÉ DE PARIS

Le centenaire de PASTEUR

"Maison des Étudiants"
13 et 15, rue de la Bûcherie (V^e^)

JANVIER 1923

34e ANNÉE — N° 248
Ce Numéro : 2 fr.

L'UNIVERSITÉ DE PARIS

REVUE MENSUELLE DE L'ASSOCIATION GÉNÉRALE DES ÉTUDIANTS

Reconnue d'utilité publique le 25 Juin 1891

MAISON DES ÉTUDIANTS : 13 et 15, rue de la Bûcherie, PARIS (5e)

Téléphone : GOBELINS 07-40.
— 59-19.

COMITÉ DE PATRONAGE

Secrétaire Général : LUCIEN DEMORTAIN.
Secrétaire de la Rédaction : ANDRÉ COURBATIEU
Administrateur : JÉRÔME PIETRI.

4

ABONNEMENTS

Un an : 10 fr. — 6 mois : 6 fr.

Photo Pierre Petit.

L. PASTEUR

(1822-1895)

Vous, délégués des nations étrangères, qui êtes venus de si loin donner une preuve de sympathie à la France, vous m'apportez la joie la plus profonde que puisse éprouver un homme qui croit invinciblement que la science et la paix triompheront de l'ignorance et de la guerre, que les peuples s'entendront, non pour détruire, mais pour édifier, et que l'avenir appartiendra à ceux qui auront le plus fait pour l'humanité souffrante.

(Discours de Pasteur à son Jubilé, le 27 décembre 1892)

A Monsieur René Vallery-Radot.

Aux invitations que nous avions lancées aux Étudiants Étrangers, M. Baak, Secrétaire général de l'Union Nationale des Étudiants Hollandais, nous répondait à la date du 14 décembre 1922 : La N. S. O. croit fermement que non seulement les grands progrès de la science seront mis en pleine lumière par vos grandes fêtes, ce qui dans notre temps de matérialisme est de la première importance, mais qu'aussi les liens d'amitié entre les races de toute l'Europe en seront grandement fortifiés, si l'on comprend ces fêtes comme un symptôme de la haute culture de toute l'Europe, et surtout de la France..., etc.

*Ce numéro de l'*Université de Paris *est dédié à tous ceux qui, ayant compris notre pensée, ont secouru nos efforts et ont assuré le succès.*

Il est consacré, surtout, en hommage de reconnaissance à nos aînés, à M. le Gouverneur Merwart, M. le Conseiller général Vachal, M. le Sénateur Bérenger, Présidents de l'A, de 1891, 92, 95, que nous avons eu le bonheur et la fierté d'avoir auprès de nous au cours de ces journées mémorables.

L'Association a-t-elle jamais si vivement éprouvé le sentiment de sa haute tradition, qu'en ces instants où se sont joints intimement à l'ardeur et l'espérance des jeunes, les souvenirs des plus belles pages de notre histoire?

LA RÉDACTION
DE L'UNIVERSITÉ DE PARIS.

ANDRÉ CLAUDE,
PRÉSIDENT DE L'A.

**

Phot. Eug. Pirou, 5, boul. Saint-Germain, Paris.

Si Pasteur [illegible]
parmi nous aujourd'hui, il
approuverait tous ceux qui
veulent développer en
France l'Enseignement
supérieur, avec l'amour
et la possibilité de la
recherche scientifique.

P. Appell

PASTEUR

Père de l'Hygiène et de la Chirurgie modernes

Dans l'histoire de l'humanité, la figure de Pasteur prend une luminosité particulière, parmi les bienfaiteurs de l'espèce humaine : en d'autres Temps, on aurait fait de Pasteur un dieu, à une autre Époque, il aurait été sanctifié.

Par le rayonnement intense de sa vie, de son œuvre, il peut être comparé aux plus grands noms de l'antiquité et du moyen âge et l'on doit se demander si Pasteur ne pourrait pas être nommé simplement *le Bienfaiteur*.

En effet, un Archimède, un Newton, un Einstein ont découvert et démontré de grands principes, nourriture de l'esprit, caractéristiques du progrès ou plutôt de l'évolution. Quelles en sont les applications strictes au bonheur de l'humanité? Ose-t-on concevoir qu'ils furent seulement des éléments du perfectionnement des moyens de donner la mort?

Pasteur, lui, s'est attaqué uniquement aux forces qui donnent la mort : il fut désintéressé au sens le plus élevé, le plus idéal du mot, il est ainsi une des plus belles et plus pures figures de notre histoire nationale et belle figure surtout par l'unité de sa vie et sa constante recherche du Vrai, du Beau et du Bien.

Doit-on parler de génie à propos de Pasteur? Quelle que soit la définition que l'on donne du génie, même la plus sublime et la plus noble qui est l'exaltation anormale des facultés normales de l'homme : Pasteur en est digne.

Pasteur s'est élevé par la clarté de son esprit, la rectitude de son raisonnement, à la quasi-certitude humaine.

Servi par une intuition presque divine, il a conçu et démontré des rapports jusqu'alors insoupçonnés et inouïs pour l'esprit. Et l'on doit admirer chez lui un équilibre parfait dans tous les actes de sa vie.

Chez les plus grands esprits, les plus fameux conquérants, nous voyons percer l'orgueil, l'ambition, des tares, nous constatons l'absence de trop de qualités indispensables. Tandis que le génie poétique, artistique, politique ou militaire de tant d'autres n'est le plus souvent qu'une boursouflure qui laisse de côté quantité de facultés primordiales parce que simplement humaines, chez Pasteur, il existe un équilibre remarquable entre toutes les facultés affectives, morales, sociales et enfin scientifiques.

La vie privée de Pasteur présente, en effet, la même unité, la même régularité, la même méthode que son existence de savant.

Pasteur possédait des qualités foncières qui lui permettaient de développer son esprit dans toutes les branches de l'activité humaine. Il s'est produit chez lui une cristallisation de sentiments qui en a fait le modèle parfait de tous les talents et de toutes les vertus.

Ce savant chimiste était un remarquable écrivain, ce qui ne peut manquer de déconcerter les gens qui croient que la littérature est un passe-temps d'oisifs.

C'était un dialectitien vigoureux, capable de soutenir les idées qu'il jugeait bonnes avec la fougue et l'âpreté des plus redoutables polémistes.

Photo Henri Manuel.

C'était aussi un artiste et son œuvre peinte n'est pas dédaignée des connaisseurs.

Mais c'est la science qui a prévalu et chez un jeune homme dont la personnalité ne paraissait pas au premier abord révéler des capacités exceptionnelles, l'esprit de méthode et le continuel effort de déduction aboutirent de l'étude des minuscules facettes des cristaux d'acide tartrique à la guérison des plus cruelles maladies.

Ce qu'il faut bien remarquer c'est que Pasteur a créé de toutes pièces les matériaux nécessaires à ses théories comme à ses démonstrations.

Un fait s'étant imposé à son esprit, il en déduit les conséquences sans savoir jusqu'où elles le conduiront. Chaque conséquence est méticuleusement vérifiée et âprement défendue.

Mais il y a eu encore autre chose : c'est ce rayonnement moral, cette puissance suggestive, échue à certains hommes au cours des siècles et que Pasteur a possédée à l'égal de Napoléon et peut-être d'une façon supérieure à celui-ci puisque l'on a pu dire avec humour « qu'elle s'étendait jusqu'aux microbes ».

En tout cas, la puissante individualité de Pasteur a polarisé avec une force singulière toute une génération de savants et l'on ignore actuellement quelles limites atteindra *l'ère pasteurienne*.

Il est curieux de constater que Pasteur, bien que grand chimiste, mais ni médecin, ni pharmacien, n'a inventé et mis au monde aucun médicament nouveau.

Réalisant cette formule qui devrait être celle de tout disciple d'Esculape digne de ce nom, qu'il vaut mieux prévenir que guérir, il a mis au service de la science ou de l'art médical les moyens de lutter contre l'éclosion de toutes les maladies.

Cet admirable principe est, hélas! peu suivi.

*
* *

Avant d'entreprendre l'étude des résultats obtenus par Pasteur, il faut réfléchir un instant à ce qu'étaient en 1850 la médecine, la chirurgie et l'art vétérinaire.

Le positivisme régnait en maître sur les doctrines médicales : celles-ci étaient basées sur un empirisme erroné, sur des observations non exactement interprétées.

L'influence des astres, qui est indéniable sur certains états pathologiques, les exhalaisons terrestres, les miasmes, les humeurs âcres, acides et corrosives, tout cela était la base des explications médicales des affections pathologiques. De plus, on était persuadé de la génération spontanée des ferments, virus et maladies.

Les progrès du microscope avaient permis de montrer que la vie fourmillait partout, et on était persuadé qu'elle pouvait naître d'une certaine fermentation de la matière inerte.

Déjà le Père jésuite Kircher au XVIIe siècle assurait que la *cause* de la peste était un *levain animé* constitué par des animaux imperceptibles à la vue, mais décelables au microscope. J.-B. Goiffon, en 1720, à propos de la peste de Marseille, était aussi de cet avis.

Au XIXe siècle, Davaine montre qu'un organisme inférieur est contenu dans le sang des animaux succombant à la maladie charbonneuse.

Photo Henri Manuel.

En témoignage de gratitude à l'Association Générale des Etudiants pour l'ardent enthousiasme avec lequel elle a tenu à célébrer le centenaire de la naissance de Pasteur !

A. Calmette

Sous-Directeur de l'Institut Pasteur. Décembre 1922

Plus près de nous enfin, Raspail soutenait que notre corps est un champ clos où pullulent des milliers de petits vers, causes des maladies, mais lui aussi était encore imbu de la théorie des miasmes. La gloire de Pasteur est d'avoir débrouillé l'écheveau de ces notions confuses et d'avoir conçu et démontré une hypothèse qui devait révolutionner toute la science médicale.

Or, Pasteur était spécialisé dans la Cristallographie, science bien éloignée de la médecine. Nous allons voir par quelles étapes Pasteur fut amené à établir le merveilleux édifice qui porte son nom.

Ce fut l'étude de la polarisation et de la constitution des cristaux qui amena Pasteur à prouver que c'est du dehors que viennent tous les germes et qu'il n'y a pas de génération spontanée.

On sait en quoi consiste *la polarisation* : c'est une transformation intime de la lumière du fait de sa réflexion sur un miroir, en sorte que suivant la position relative de cette lumière réfléchie et d'un cristal qu'on lui présente c'est-à-dire suivant l'angle d'incidence, le faisceau lumineux traverse ou ne traverse pas le cristal. Rayon incident et rayon réfléchi constituent *le plan de polarisation.*

L'observation a montré que considéré à travers un cristal, le plan de polarisation peut paraître dévié à droite ou à gauche de l'observateur et que seules pouvaient dévier le plan de polarisation, des substances animales ou végétales, c'est-à-dire des substances pourvues de vie.

Le premier temps des découvertes de Pasteur fut celui de la *dissymétrie des cristaux* et c'est l'étude des acides tartrique et paratartrique qui amena cette découverte. Étudiant l'acide tartrique et les sels qu'il constitue par sa combinaison avec les bases, les savants constataient que certains de ces cristaux déviaient le plan de polarisation et d'autres ne le déviaient point : ces derniers avaient été nommés paratartrates.

Pasteur reprit la question et put démontrer que l'acide paratartrique et les sels correspondants étaient constitués en deux parties distinctes, par deux cristaux asymétriques : l'un déviant le plan de polarisation à droite et l'autre à gauche et que ces deux parties asymétriques se correspondaient comme l'objet et son image dans un miroir et qu'ils pouvaient s'emboîter grâce à l'agencement de facettes inversement imbriquées dans chacune des parties correspondantes.

De même le corps humain est constitué par le développement de deux moitiés symétriques résultant du sectionnement de l'œuf initial en deux parties homologues soudées par le milieu.

Or, c'est ici que se trouve le pont entre la cristallographie et la théorie des infiniment petits.

Pasteur constate qu'une solution d'acide paratartrique indifférente au polarimètre au moment de sa préparation, du fait de sa composition en deux parties droite et gauche s'annulant, devenait active en vieillissant et déviait à gauche le plan de polarisation.

Observé de plus près, le phénomène montre la présence d'une mousse verte, constituée par un champignon, le *penicilium glaucum.* A mesure que la mousse augmente de volume, l'angle de déviation du plan de polarisation s'accroît. De là à conclure que le *penicilium glaucum* se développait aux dépens de l'acide droit, en respectant l'acide gauche, il n'y avait qu'un pas.

C'est donc que certains organismes vivants peuvent dédoubler les paratartrates : *autrement dit provoquer des fermentations.*

***

Photo Gerschel.

L'Association Générale des Etudiants a très heureusement complété les fêtes du centième anniversaire de la naissance de Pasteur en y apportant l'enthousiasme de la jeunesse

Dr Louis Martin

Mais à côté de la fermentation tartrique il y en a d'autres, les fermentations butyrique, alcoolique, etc. Ne seraient-elles pas aussi provoquées par des microorganismes ?

Un brasseur vient conter ses misères à Pasteur: depuis quelque temps sa bière se fabrique mal. Pasteur étudie la bière de bonne qualité et la bière altérée ; dans le premier cas, il s'agit d'une fermentation alcoolique, dans le second d'une fermentation lactique, or la levure change de forme au cours de ces deux fermentations.

Après une série d'expériences le grand savant put déclarer : « *La fermentation alcoolique est un acte corrélatif de la vie.* »

Jusqu'ici, jusqu'à ses études sur les ferments, dans ses démonstrations qui ne sortaient en somme pas du domaine de la cristallographie, Pasteur avait excité l'intérêt général des savants et n'avait rencontré qu'approbation, mais dès qu'il voulut développer les conséquences de ses découvertes, ce fut un tollé général du monde scientifique.

Il ne s'agissait de rien moins que combattre le vieux problème des générations spontanées : postulat qui, comme nous l'avons dit plus haut, était contraire aux théories philosophiques de l'époque.

Liebig, Berzélius, Fremy, Pouchet prenaient la tête de la controverse scientifique, suivis et poussés par la presse qui porta bien vite le débat sur le terrain politique et religieux.

On reparla des expériences de van Helmont sur la naissance spontanée des souris dans un fromage. Les microbes-virus ne se forment que dans la matière vivante, car ils procèdent d'elle par voie d'altération chimique.

C'est alors que Pasteur fut amené à prononcer son aphorisme fameux : « DANS L'ÉTAT ACTUEL DE LA SCIENCE, LA DÉMONSTRATION DE LA GÉNÉRATION SPONTANÉE EST CHOSE IMPOSSIBLE. »

Phrase pourvue de toute la rigueur scientifique, puisque Pasteur put la démontrer par ses diverses expériences des ballons et pourvue aussi de toute la modestie du savant qui réserve les découvertes de l'avenir et il ajoutait : « IL N'Y A QUOI QUE CE SOIT DANS L'AIR, HORMIS LES GERMES QU'IL CHARRIE, QUI SOIT UNE CONDITION DE LA VIE. »

Et puis avec la rigueur du savant pour qui l'expérimentation est tout : « Il n'y a ici ni religion, ni philosophie qui tiennent, c'est une question de faits. »

Reprenons les maillons de la chaîne.

D'abord la cristallographie, étude des modifications apportées par les infiniment petits à la constitution des cristaux : en somme maladie véritable de ceux-ci.

De la matière inerte, le cristal, nous passons à la matière vivante, aux substances alimentaires, la bière, le vin, le lait, les fruits. Pasteur démontre que les infiniment petits sont la cause de fermentations qui leur ont permis de vivre aux dépens de ces substances ; les fermentations qui en altèrent les propriétés, la composition et le goût, sont de véritables maladies.

Dans un troisième stade, Pasteur se demande si ces micro-organismes qui vivent aux dépens des substances organiques comme la bière, le vin, ne pourraient pas vivre aux dépens de la chair animale.

La grande épidémie des vers à soie permet à Pasteur de le prouver

Restait enfin à franchir le pont entre le monde des animaux et la vie de l'hom-

Photo Henri Manuel.

La génération actuelle des Etudiants a pour Pasteur non seulement les mêmes enthousiasmes que ceux de la génération de 1892, mais elle a encore augmenté le sentiment du culte qu'il inspire.
Les paroles de confiance et d'espoir dites par votre ancien Président d'honneur, lors de son Jubilé, vous les avez pieusement recueillies. Ses conseils, vous les traduisez en actes.
Nul plus bel hommage ne pouvait être rendu à sa grande mémoire, que vous savez honorer et célébrer avec l'élan unanime de tous vos cœurs.

René Vallery-Radot

me : de tout temps on avait rapproché la fermentation des maladies infectieuses et regardé virus et ferments comme étant de même nature.

Or le virus est un être vivant comme le ferment, tous deux sont des microbes et le virus en se multipliant dans le corps humain cause la maladie infectieuse de même que les ferments pullulant dans un milieu fermentescible produisent la fermentation.

Dès lors les démonstrations se succèdent avec rapidité ; ce sont les micro-organismes *anaérobies* qui empruntent l'oxygène nécessaire à leur vie, non pas à l'air, mais aux éléments chimiques de leur milieu; c'est l'atténuation des virus obtenue par leur vieillissement; c'est leur exaltation par le passage dans un organisme jeune ou affaibli; c'est enfin la découverte des spores agents de transmission à longue échéance; celle des microbes de l'infection puerpérale, du furoncle, de l'ostéomyélite et de tant d'autres organes de transmission directe de certaines maladies de l'homme et des animaux.

*
* *

Ainsi l'extension aux maladies des notions acquises dans les fermentations amena un progrès inouï.

La chirurgie dont les interventions provoquaient si souvent des infections redoutables, devint désormais bienfaisante, grâce à l'antisepsie. Eclairé par les travaux de Pasteur, Lister, médecin écossais, démontre que l'on peut mettre les opérés à l'abri de l'infection en écartant les germes existant dans l'atmosphère des salles d'hôpital, au moyen de pansements occlusifs, en stérilisant les instruments et même les mains de chirurgiens, enfin en pulvérisant des solutions phéniquées dans l'air même des salles d'opérations. Pasteur avait doté la chirurgie d'un splendide présent : *la sécurité opératoire.*

En médecine proprement dite, les conséquences heureuses des découvertes décrites plus haut étaient incalculables.

Retenons les progrès en bactériologie : l'utilisation des virus atténués qui permet la guérison de la rage ; celle des toxines sécrétées par les microbes pour l'immunisation contre la maladie : en deux mots toute la science des vaccinations, la vaccinothérapie d'une part et la sérothérapie de l'autre. La première, au moyen de cultures microbiennes vivantes et atténuées ou mortes donne une maladie semblable, mais atténuée et confère l'immunité; la seconde, au moyen des microbes ou de leurs toxines, provoque une réaction de défense par l'apparition d'antitoxines dans le sérum.

C'est toute l'Hygiène moderne qui est créée.

Hygiène de la maternité, hygiène de la puériculture, hygiène de l'individu et hygiène de la collectivité se résumant en somme dans la propriété *bactériologique* qui évite l'apport de germes, leur entrée par effraction à la faveur d'une solution de continuité, dans les téguments.

Grâce à cette prophylaxie pastorienne, toutes les maladies transmissibles, que les virus soient ou non accessibles à nos moyens d'investigation, doivent devenir inoffensives.

C'est une question de temps, de travail patient, d'organisation méthodique et de volonté et aussi... d'argent.

*
* *

A l'heure où les difficultés de l'existence rendent plus précaire qu'elle ne l'a jamais été la recherche scientifique, l'illustre et frappant exemple de Pasteur nous montre l'extrême importance et la nécessité de la *recherche scientifique pure.*

Si notre ancien Président d'honneur était encore parmi nous, il soutiendrait de tout le poids de son autorité et avec toute la vigueur de son talent d'orateur la campagne entreprise dans la Presse et particulièrement dans les colonnes de *l'Université de Paris*, par Claude, président de l'A., et Demortain, notre secrétaire général, en faveur des PRÊTS D'HONNEUR.

Il dirait au Parlement : ce n'est pas DEUX mais DIX millions qu'il faut offrir aux étudiants, et c'est bien peu, ajouterons-nous en terminant, si cette aide permet à un nouveau Pasteur de se révéler et de sauver des vies par centaines de mille et d'affecter des milliards à l'amélioration du sort des Humains.

THIBON DE COURTRY.

PASTEUR ET MADAME PASTEUR
1889

PASTEUR

Président d'Honneur de l'A.

Discours prononcé par M. SCHMIDT,
président de la Section d'Alfort
à la Maison des Étudiants, le 30 décembre 1922.

Lorsqu'on a vu chaque face d'un monument célèbre, lorsqu'on en a visité l'intérieur, on aime à voir ensuite ce monument de loin, pour mieux saisir l'impression qui s'en dégage.

Pour l'œuvre de Pasteur, il en est de même. Nous avons vécu la vie de Pasteur l'autre jour dans l'amphithéâtre qui vit son jubilé, et nous avons revu une à une toutes ses découvertes comme un visiteur s'attarde à chaque chapelle d'un temple vénéré.

Aujourd'hui, je voudrais simplement évoquer la silhouette de l'homme et de l'élévation de son œuvre vue par un étudiant.

Son œuvre?

Tout comme à un minaret se rattache immédiatement l'idée d'un ciel bleu et d'un soleil doré, de même, de l'œuvre de Pasteur se dégage un sentiment de confiance, d'enthousiasme, de loyauté, sentiment qu'exhalent les monuments français.

Lorsque Pasteur arriva parmi les Sociétés Savantes, c'étaient les grandes ailes du génie prêtes à voler plus haut, qu'il apportait aux vieilles théories, si chatoyantes et si confortables qu'elles fussent déjà. Et lorsque ce génie planait au-dessus des cloisons qui séparaient les sciences, la science pure, la science expérimentale et ses applications, c'était un poème héroïque vers l'idéal complet : la Science.

Aussi comprend-on que dès le début de l'épopée pastorienne, les étudiants de ce temps-là aient été conquis par cette force sûre d'elle-même, luttant contre beaucoup mais en pleine lumière, honnêtement, et se défendant des arguments contraires par des expériences convaincantes. La jeunesse qui aime aller de l'avant se fit de Pasteur dès lors le héros de son rêve. Et Pasteur devint la preuve vivante du bien fondé de la confiance en soi, pour tous ceux qui le soir se promènent rêvant, dans quelque jardin du Luxembourg, de quelque découverte étrange.

Et à une époque où la lutte pour la vie s'annonce âpre pour les jeunes, où la pratique est souvent édifiée comme un défi ou un épouvantail, devant les étudiants sortant des Facultés ou des Grandes Écoles, il est bon et réconfortant de penser à cet homme qui, en dépit des théories anciennes, des clans, des castes, est arrivé à faire prévaloir ses théories à lui et, faisant de la science pure, à tirer des résultats pratiques et économiques dont votre présence ici, Messieurs les Délégués, est le témoignage de la reconnaissance de l'univers entier.

Et les étudiants d'il y a quarante ans, attirés vers Pasteur par ses cours, voulurent bientôt attirer Pasteur vers eux, à leur association. Pasteur ne s'y refusa point : aux examens, s'il demandait aux candidats une connaissance parfaite de leur sujet, il voulait les aider par contre à prendre contact avec le grand Paris, les aider à se grouper, à travailler en commun, les aider de ses conseils.

A prendre contact avec le grand Paris, car Pasteur se souvenait qu'une fois la grande ville lui fit peur : on débarque à Paris, arrivant d'où on peut, de Plougastel, de Palavas ou de Brachy, Pasteur arrivait d'Arbois, la première fois qu'il vint à Paris. Arbois et sa tour carrée, la tannerie paternelle, tout cela était bien loin de la rue des Feuillantines : après un mois, Pasteur s'en retourna. Comment, avec un tel souvenir, pouvait-il se refuser aux étudiants qui voulaient s'unir pour se créer ainsi une sorte de foyer ?

Et cet esprit d'union plaît aussi à Pasteur, parce qu'aimant les cultures pures, il pense que si tous les étudiants s'unissaient, il se créerait une « atmosphère » ; les intelligences placées dans un milieu favorable s'exalteraient, comme un microbe le fait dans des conditions favorables.

Et puis, Pasteur aimait les étudiants parce qu'ils étaient les artisans de la pensée et, disait-il : « *Dites-moi de quelqu'un qu'il est prince, marquis, sénateur même ou député, le connaîtrais-je? Mais si vous m'assurez qu'il est l'ami des sciences, quelle que soit sa condition brillante ou obscure, j'irai à lui, avec la persuasion de trouver un homme de cœur qui ne sera jamais confondu dans la foule de ceux dont on peut dire avec vérité : l'esprit les mène et ils n'en savent rien.* »

D'ailleurs, n'était-ce que parce que les étudiants auraient été des jeunes, Pasteur les aurait aimés : ne sait-on jamais ce qu'un jeune cerveau apportera à sa Patrie?

Aussi, dès 1886, Pasteur engageait à la séance officielle à la Sorbonne les étudiants à s'inscrire à l'Association fondée depuis deux ans à peine.

En 1889, au moment où la nouvelle Société avait un siège social prospère, au moment où ses délégués avaient été à Lyon, à Aix, à Marseille, à Modane, à Bologne, en développant leurs drapeaux devant les délégués de toutes les puissances, montrant ainsi qu'à Paris il y avait une Association puissante et prospère, Pasteur accepta la présidence d'honneur.

Et ce parfait honnête homme qui aimait la science et tout ce qui est beau eut des larmes dans les yeux en se voyant devenir le président des jeunes et ces larmes sont parmi les souvenirs les plus chers de notre maison. Et dès lors, Pasteur en toute occasion nous aida, qu'il s'agisse de réceptions qui permettent aux étudiants d'apprendre à connaître la vie, qu'il s'agisse de réveiller la foi d'amis trop peu confiants, ou qu'il s'agisse encore de nous rendre courage par un sourire doré de sa large escarcelle.

Mais ce qui plaisait peut-être le plus à notre grand protecteur dans la vie de notre maison c'était de voir, à l'inauguration par exemple de la nouvelle Sorbonne, l'Association attirer les étudiants étrangers et leur offrir une hospitalité aussi large que possible.

Pasteur aimait voir l'élite de l'élément intellectuel des puissances environnantes prendre contact et apprendre à connaître la France. C'était faire connaître tout ce que la France faisait et permettre aux délégués des autres Universités de nous dire ce qu'on faisait chez eux.

Pasteur, ce grand apôtre de paix, qui ne songeait qu'à délivrer les hommes des fléaux qui les assiègent, Pasteur, qui a « conquis le monde et la gloire sans faire couler une larme », répéterait certainement ce soir les paroles de son jubilé : *Vous, délégués des nations étrangères, qui êtes venus de si loin donner la preuve de sympathie à la France, vous m'apportez la joie la plus profonde que puisse éprouver un homme qui croit invinciblement que la science et la paix triompheront de l'ignorance et de la guerre.*

Pasteur, disiez-vous l'autre jour, appartient à l'humanité entière, mais tout comme on aime les coins qui sont riches en soleil, de même on aime mieux la France quand on connaît l'épopée pastorienne? *Ad Francos Per Pastorem.*

D'ailleurs, c'est à tous les étudiants du monde que Pasteur adressa ces paroles d'une actualité hélas trop immédiate : *Jeunes gens, jeunes gens, confiez-vous à ces méthodes sûres, puissantes, dont nous ne connaissons encore que les premiers secrets. Et tous, quelle que soit votre carrière, ne vous laissez pas atteindre par le scepticisme dénigrant et stérile, ne vous laissez pas décourager par les tristesses de certaines heures qui passent sur une nation. Vivez dans la paix sereine des laboratoires et des bibliothèques. Dites-vous d'abord : qu'ai-je fait pour mon instruction? Puis, à mesure que vous avancerez : qu'ai-je fait pour mon pays? Jusqu'au moment où vous aurez peut-être cet immense bonheur de penser que vous avez contribué en quelque chose au progrès et au bien de l'humanité. Mais, que les efforts soient plus ou moins favorisés par la vie, il faut, quand on approche du grand but, être en droit de se dire : j'ai fait ce que j'ai pu.*

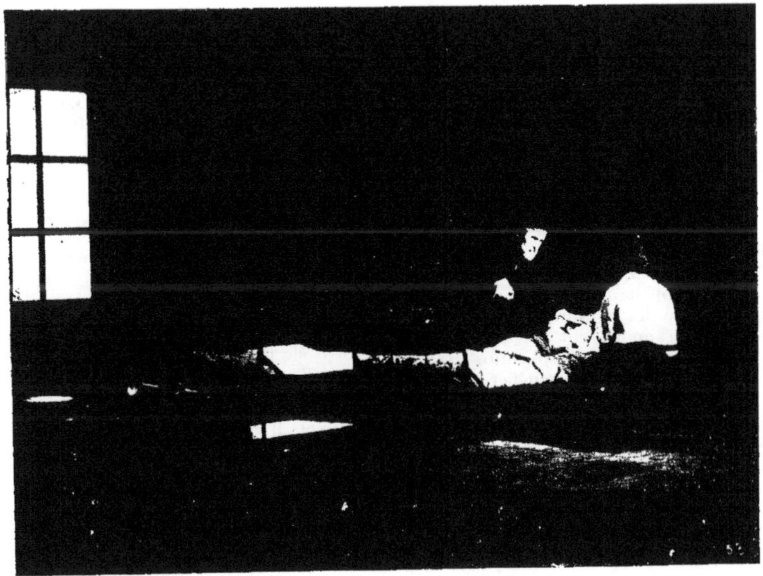

Film du centenaire.

PASTEUR AU CHEVET DU PETIT MEISTER

* * * *

Commémoration du Centenaire de Pasteur

A l'Académie de Médecine

Cette année, l'Académie de Médecine renonça à tenir sa séance publique annuelle. Elle la remplaça par une réunion qui fut consacrée à la glorification de Pasteur.

L'assistance était nombreuse. Dans les tribunes, une foule d'invités : un important auditoire féminin. Dans la salle, des académiciens parés de leurs habits amarante à palmes d'argent. Aux premiers rangs, les docteurs Roux et Calmette, Mme Curie, académicienne, et toute la famille de Pasteur.

Le gouvernement était représenté par M. Strauss, ministre de l'Hygiène, qui prit place au bureau, à côté du président.

Après une allocution de M. Behal, six membres de l'Académie : MM. Deleserre, Fernand Vidal, Pierre Delbet, Wallich, Barrier et Calmette, choisis parmi les représentants les plus éminents des diverses branches de la science médicale, sont venus dire ce que ces branches ont pu réaliser grâce à Pasteur. Ce fut l'hommage le plus éloquent rendu à l'œuvre de l'illustre savant.

Le président, M. Behal, esquissa rapidement les travaux et les recherches de Pasteur. Il s'exprimait en termes émouvants et rappela que Pasteur était le plus désintéressé des hommes, que ses découvertes lui rapportèrent fort peu de choses, tandis que leurs applications industrielles permirent des bénéfices considérables à ceux qui les exploitèrent.

Mais quelles que soient les sommes ainsi chiffrées, dit M. Béhal dans sa péroraison (faisant allusion aux résultats économiques des découvertes de l'illustre savant), leur valeur s'efface devant le nombre de vies humaines que Pasteur a contribué à sauver et qui sont sans prix!

S'il n'a eu que très tardivement un laboratoire convenable, au moins a-t-il été entouré des préparateurs et des collaborateurs qu'il méritait, et il conviendrait de les remémorer en ce jour, pour répondre à un vœu que Pasteur formulerait dans son esprit de justice, s'il était encore là : Van Thiezhem, Raulin, Gernez, Duclaux, Maillot, Joubert, Gayon, Chamberland, Roux, Thuillier.

L'œuvre de Pasteur n'est point terminée. Quelle œuvre scientifique l'est-elle jamais? Mais il a, des lumières de ses écrits, de ses discussions et de ses travaux, allumé un grand phare à un carrefour de chemins qu'il avait, pour la plupart, ouverts, et des milliers ont pu, grâce à sa lumière, diriger leurs pas en travaillant pour le bien de l'humanité, des milliers d'autres viendront encore, marchant en avant, et apercevront leur route, car la lumière ne pâlira pas, étant lumière de Vérité!

M. Fernand Vidal a parlé ensuite de l'œuvre médicale de Pasteur :

La révolution produite en médecine par les découvertes de Pasteur, a-t-il déclaré, aucune science n'en connut jamais de semblable. Tout n'était qu'obscurité et confusion sur l'origine des maladies transmissibles quand tout s'est éclairé soudain à la lumière de son génie. Il nous a montré la cause de l'infection dans des germes infiniment petits répandus dans la nature; il nous a donné des moyens de les éviter, soit en empêchant leur invasion par des mesures préventives qui ont rénové l'hygiène, soit en rendant l'organisme réfractaire par l'inoculation du virus même transformé en vaccin par atténuation.

Voilà ce qui est universellement connu de l'œuvre de Pasteur, fondateur de la doctrine des germes, créateur de l'étiologie des maladies virulentes, ainsi que de la prophylaxie et de la vaccination scientifiques. Pour nous, médecins, il a d'autres titres encore à notre reconnaissance. Nous ne lui devons pas seulement des découvertes de faits et des apports de principes, nous lui sommes, en plus, redevables de techniques d'une sûreté et d'une perfection telles qu'en aucun domaine de la bactériologie, rien ne peut se faire qui ne soit comme la répétition rituelle des procédés pastoriens. Stérilisation du matériel d'étude, ensemencement des milieux, isolement des germes en culture pure, séparation des espèces anaérobies ou aérobies, reproduction de la maladie par l'inoculation des animaux, autant de méthodes que Pasteur a créées et qui ont transformé les conditions de l'investigation médicale.

Après M. Vidal, ce fut M. le professeur Delbet. Celui-ci, parlant au nom de la chirurgie, fit ressortir que cette branche devait au grand homme le plus magnifique présent qu'elle eût jamais reçu: la sécurité opératoire.

Nous, chirurgiens, a-t-il conclu, comme artisans, comme biologistes, nous ne pouvons agir efficacement que sous l'influence et la discipline pastoriennes.

Comme artisans, il faut que nous exécutions ou évitions quantité de gestes commandés ou interdits par les doctrines pastoriennes; il faut que nous le fassions rapidement, instantanément dans bien des cas, sans y penser, il faut que nous ayons acquis des réflexes pastoriens.

Comme biologistes, pour faire des progrès dans la lutte contre l'infection, c'est toujours des découvertes de Pasteur qu'il faut partir.

Après lui, M. Wallich est venu décrire l'un des plus magnifiques résultats de l'œuvre pastorienne, la disparition de la fièvre puerpérale, et formulé cette déclaration :

En obstétrique comme en médecine et en chirurgie, les découvertes de Pasteur marquent le début d'une ère nouvelle et deviennent l'origine de transformations fondamentales permettant de sauver un nombre incalculable de femmes et d'enfants.

Le profeseur Charles Richet donna ensuite lecture de son beau poème : *A la Gloire de Pasteur*. Puis M. Barrier nous exposa l'œuvre de Pasteur dans la médecine vétérinaire.

M. le professeur Calmette clôtura la série des discours. Il étudia l'œuvre de Pasteur dans l'hygiène et, par un rapprochement des mortalités dans les maladies infectieuses, avant et après la théorie pastorienne du vaccin, nous montra les millions d'êtres que Pasteur a arrachés à la mort :

— Alors que quarante-six ans à peine sont écoulés depuis l'*ère héroïque* de Pasteur, c'est-à-dire depuis la découverte des virus-vaccins, il suffit de comparer ce qu'était, dans l'ensemble des nations civilisées, la mortalité par maladies transmissibles, avec ce qu'elle est aujourd'hui, pour être confondu d'admiration et pénétré d'une infinie gratitude envers le puissant génie qui a réalisé ce miracle de faire reculer la mort.

Formulons le vœu, a-t-il ajouté en terminant, que le centième anniversaire de la naissance du créateur de l'hygiène moderne soit, pour les hommes d'Etat qui président à nos destinées, l'occasion de comparer ce qu'on a fait jusqu'ici pour sauvegarder la santé de notre peuple de France, avec ce qu'ont fait d'autres nations, moins insouciantes de leur capital humain et de leur bien-être. Rappelons la douce plainte d'André Chénier :

O France trop heureuse!
Si tu voyais tes biens, si tu profitais mieux
Des dons que tu reçus de la bonté des cieux!

Puissions-nous l'entendre, cette plainte, alors que l'âme tout entière de la Patrie s'élève, avec nos hommages, vers le plus grand bienfaiteur de l'humanité.

A l'Institut Pasteur

Dans cette illustre maison de la rue Dutot sur laquelle plane le souvenir du grand savant, le centenaire de Pasteur fut célébré dans l'après-midi du 27 décembre avec éclat et solennité.

Des représentants de toutes les branches de la science, les délégués de toutes les associations littéraires et scientifiques qui s'enorgueillissent d'avoir compté Pasteur parmi leurs membres, vinrent tour à tour proclamer l'extraordinaire universalité du génie scientifique dont la mémoire est bénie par l'humanité.

C'est dans l'amphithéâtre de chimie qu'eut lieu cette cérémonie, à la fois émouvante et réconfortante.

M. Alexandre Millerand la présida, entouré de MM. Léon Bérard, ministre de l'Instruction publique; Paul Strauss, ministre de l'Hygiène; Mmes Vallery-Radot et J.-B. Pasteur, fille et belle-fille de Pasteur; MM. Loubet, ancien président de la République; Louis Martin et Calmette, sous-directeurs de l'Institut Pasteur; MM. les professeurs Jordet, de Bruxelles, et Sanarelli, de Rome, etc.

M. Roux, directeur de l'Institut Pasteur, rendit un éloquent hommage au maître dont il fut l'élève préféré. Nous publions plus loin son remarquable discours.

M. René Doumic, au nom de l'Académie Française, rappela que Pasteur fut admis dans l'illustre compagnie en 1881 et fut reçu par Ernest Renan. Il conclut en ces termes :

Le centenaire du plus illustre de nos savants coïncide avec un moment où la France, meurtrie dans le présent, et soucieuse de l'avenir, se tourne vers ses savants. Elle se souvient de ce beau mot de Pasteur : « que la science doit être la plus haute personnification de la Patrie ». Et c'est pourquoi elle compte sur les héritiers de sa pensée et de son exemple pour lui garder, à la tête des peuples, la place qui appartient à la patrie de Pasteur.

Puis M. Lacroix rappela que l'Académie des Sciences, dont il est le secrétaire perpétuel, enregistra ses premières découvertes et fut la première à penser, dès 1886, à la création de l'Institut où son œuvre serait continuée.

— Vous savez, termina M. Lacroix, quel fut, dans tout l'univers enthousiasmé, l'éclatant succès de la souscription qui répondit à ce dessein; elle a permis d'édifier la maison et les beaux laboratoires où nous sommes reçus aujourd'hui. A la pléiade des éminents et fidèles collaborateurs que Pasteur avait eu l'habileté de susciter et le talent de retenir auprès de lui, ainsi qu'à leurs élèves, revient le mérite et l'honneur d'avoir conservé, sans défaillance, l'éclat du flambeau tombé des mains du maître, et d'avoir contribué à répandre, en son nom, sur l'humanité, d'inappréciables bienfaits.

C'était bien là le monument impérissable par quoi il convenait de glorifier un génie immortel.

L'Académie de Médecine a fait plusieurs fois amende honorable au noble génie dont elle discuta avec tant de véhémence parfois les extraordinaires novations. Par la bouche de son secrétaire général, M. Achard, elle est venue nous dire :

L'erreur de nos devanciers ne fut pas de très longue durée. Puisse du moins la leçon n'en être pas perdue et soyons reconnaissants à Pasteur de nous avoir appris, avec le pouvoir de faire le bien, le devoir d'être modestes.

Aujourd'hui, comme il est bien vengé! Biologie, médecine, chirurgie, obstétrique, art vétérinaire, hygiène, tous les sujets de nos travaux portent sa marque, et nos bulletins chantent sa victoire. Le grand mort au milieu de nous est toujours vivant, car la mort ne tue pas l'idée.

Puis M. Sagnier, secrétaire de l'Académie d'Agriculture, montra, en termes excellents, les services que les études de Pasteur sur la fermentation avaient rendus à l'agriculture.

Notre recteur, M. Paul Appell, apporta l'hommage de l'Université de Paris :

Pasteur occupe dans l'humanité une telle place qu'aucun hommage ne peut en accroître l'importance. Tous les corps auxquels il a appartenu sont fiers de l'avoir possédé : ils ont sur eux quelque chose de sa grandeur.

L'Université de Paris le considère à la fois comme un de ses étudiants, comme un de ses maîtres, comme un de ses fondateurs.

M. Weiss, représentant l'Académie de Strasbourg, parla des premières recherches que Pasteur fit en Alsace sur la fermentation.

M. Lespiau, au nom de l'Ecole Normale Supérieure, évoqua Pasteur normalien. Il montra quel culte on lui a conservé dans la maison où il travailla si longtemps et si ardemment.

M. Emile Picard, président de l'Association des Anciens Elèves de l'Ecole Normale Supérieure, exposa comment Pasteur, administrateur de la célèbre école, en avait fait non seulement un établissement de recrutement professoral, mais aussi un centre de recherches scientifiques.

M. Charles Richet apporta l'hommage de la Société de Biologie à celui qui avait rénové les connaissances sur la vie, grâce à ses découvertes sur les infiniment petits.

Prirent ensuite la parole : MM. Pouchet et Vincent, vice-présidents du Conseil Supérieur de l'Hygiène; Blaise, président de la Société Chimique de Paris; Degrez, président de l'Association Française pour l'avancement des sciences; Leclainche, inspecteur général des Ecoles vétérinaires; Rossignol, au nom de la Société de Médecine vétérinaire pratique.

Notre camarade Claude, président de l'A de Paris, dit quelques mots simples et émus sur celui dont la vie a été un grand exemple pour la jeunesse des Universités :

La vie de Pasteur, l'illustre président d'honneur de notre Association, elle est tout entière inscrite en deux mots sur notre propre drapeau : « Science et Patrie ».

Enfin, M. Vallery-Radot, président du Conseil d'administration de l'Institut Pasteur, évoqua l'illustre savant, modeste et laborieux, au sein de sa famille.

Le président de la République et les personnalités présentes se rendirent ensuite en pèlerinage dans la crypte où repose Pasteur. Ils visitèrent l'appartement où il vécut ses dernières années et le laboratoire où tous ses instruments sont pieusement conservés.

L'Œuvre de Pasteur

discours prononcé par M. le Dr ROUX, à l'Institut Pasteur,

le 27 décembre 1922

Il y a cent ans naissait, dans l'humble maison d'un tanneur de Dôle, un enfant qui devait créer des sciences nouvelles, transformer des industries et apporter à la misère humaine de si grands soulagements, qu'aujourd'hui, dans maints pays, l'élite des citoyens est rassemblée, comme nous le sommes ici, afin de glorifier sa mémoire.

Pour comprendre combien est justifiée cette unanime gratitude, il suffit de rappeler brièvement l'œuvre de Pasteur. A peine sorti de l'Ecole Normale, il montre la relation qui existe entre le pouvoir rotatoire et la dissymétrie moléculaire et résout l'énigme de l'acide tartrique et de l'acide paratartrique devant laquelle Mitscherlich s'était arrêté. Ce travail est l'origine de la stéréochimie qui a pris son essor avec Le Bel et Van't'hoff. Telle est la première révélation de cet esprit créateur dont Pasteur va donner tant de preuves. La dissymétrie moléculaire suggère à Pasteur bien d'autres choses encore. Pour lui, les êtres vivants peuvent seuls former d'emblée des corps dissymétriques et il entrevoyait une faune et une flore différentes de celles que nous connaissons, si, était changé le sens du pouvoir rotatoire des principes immédiats des bêtes et des plantes. Sur ce sujet, l'imagination de Pasteur était d'une audace singulière; il concevait des expériences qu'il a eu le regret de ne pas entreprendre, car cette féconde étude de la dissymétrie moléculaire l'a entraîné dans d'autres directions.

Certains corps issus de fermentations, l'alcool amylique par exemple, dévient le plan de polarisation de la lumière. Pasteur s'est demandé quelle est l'influence du ferment sur les propriétés optiques des substances formées dans les fermentations. Il a donc été naturellement conduit à s'occuper de celles-ci et de l'étude des fermentations va sortir une physiologie nouvelle, une conception nouvelle des maladies infectieuses et par conséquent une hygiène et une thérapeutique nouvelles.

Pour tout le monde, avant Pasteur, un ferment est une substance azotée en voie d'altération dont les molécules en agitation communiquent leur mouvement à la substance fermentescible et en provoque ainsi la désintégration. La même matière albuminoïde peut, suivant les circonstances, être ferment lactique, ferment alcoolique, ferment butyrique, ferment putride. A cette doctrine du ferment « omnibus », Pasteur oppose celle du ferment « être vivant ». Il prouve que chaque fermentation est causée par un être infiniment petit, par un *microbe spécifique* comme nous disons aujourd'hui. Si des microbes différents sont capables de fournir le même produit, chacun le fait suivant une équation qui le caractérise. Les infiniment petits ne naissent pas spontanément dans les matières organiques, ainsi que le voulait la croyance antique ; ils proviennent de parents semblables à eux, et, jusqu'à présent, chaque fois que l'on a cru se trouver en présence d'un cas de génération spontanée, on a été dans l'erreur. Les germes des ferments flottent dans l'air, ils abondent dans la terre et dans l'eau qui ruisselle à la surface du sol.

Cette doctrine conduisait à un perfectionnement inouï des industries de fermentation. La fabrication de l'alcool, du vin, du vinaigre, de la bière avait désormais une base scientifique. Pasteur n'a laissé à personne le soin de ces applications ; il a montré lui-même comment faire des vins supérieurs et de conserve, une bière inaltérable, et il a généreusement offert à tous ces perfectionnements d'industries restées immobiles depuis les âges lointains. Ses élèves ont appliqué les mêmes principes à la laiterie, à l'industrie des fromages, à la préparation des conserves.

Combien grand nous apparaît déjà le rôle de ces microbes de qui dépendent des industries aussi nécessaires à notre existence que celles que je viens de dire, mais quelle proportion va-t-il prendre quand il sera démontré qu'ils sont les agents des transformations de la matière organique? Cette démonstration est faite dans une note de Pasteur sur la putréfaction publiée en 1863.

Les cadavres de tout ce qui a vécu, animaux et végétaux, deviennent la proie des microbes. Parmi ceux-ci, les uns peuvent vivre sans air, ils sont les vrais ferments résolvant les matières organiques en produits plus simples ; les autres croissent en présence de l'air et achèvent, par un processus d'oxydation, la minéralisation de ces édifices compliqués que sont les albuminoïdes. Du travail de ces infiniment petits se succédant les uns aux autres et accomplissant chacun une tâche définie, il reste de l'ammoniaque, des nitrates, de l'acide carbonique et de l'eau, qui sont les aliments des plantes à chlorophylle. Ainsi est assurée la circulation de la matière. Sans les microbes, la terre serait infertile et la vie telle que nous la connaissons serait impossible à la surface du globe. Ce sont eux, qui, en transformant les cadavres, préparent des vies nouvelles.

Ils ne sont pas seulement les ferments de la matière morte ; ils sont aussi les virus de ces affections redoutables appelées autrefois *fièvres putrides*. Par une de ces intuitions qui caractérisent le génie, Pasteur, dès le début de ses études, a compris le rôle des microbes dans les maladie infectieuses. Les virus ne naissent pas en nous, ils proviennent du dehors ; ils sont donc *évitables*. La maladie des vers à soie est, pour Pasteur, l'occasion de vérifier la justesse de ses idées. Ses recherches, poursuivies pendant plus de cinq années, ont sauvé la sériciculture en distinguant les diverses affections de ces précieux vers, en montrant comment pénètrent en eux les différents microbes qui les causent, en établissant que la ruineuse pébrine est héréditaire, parce que le parasite qui la détermine passe du ver à la chrysalide, de la chrysalide au papillon et du papillon aux œufs, d'où naîtra une nouvelle génération infectée avant sa naissance. Pour éviter le fléau, mettons seulement en éducation de la graine saine, en nous assurant par l'examen microscopique que les parents sont indemnes de ces corpuscules caractéristiques du mal. Le grainage cellulaire est aujourd'hui pratiqué dans tous les pays séricicoles.

Que d'enseignements pour la médecine dans ces études sur « la maladie des vers à soie » ! Des clartés qu'elle apporte sur la contagion et l'hérédité morbide, la médecine aurait dû être illuminée, mais il fallait compter avec la tyrannie qu'exerçaient sur les esprits les doctrines régnantes. La chirurgie a été la première à tirer profit des travaux de Pasteur sur les ferments. Lister comprit que les infections des plaies sont causées par les microbes et il imagina l'antisepsie. Bientôt les chirurgiens empruntent au bactériologiste son outillage et adaptent sa technique à leurs besoins, l'asepsie permet alors les opérations les plus audacieuses.

Pasteur, dans de courtes incursions faites sur le terrain de la médecine, montre que dans les abcès, les furoncles et l'ostéomyélite, on trouve un microbe particulier, le *staphylocoque* ; il fait voir que la fièvre puerpérale qui ravageait les maternités est le plus souvent due à un autre microbe, le *streptocoque*, et il indique les précautions à prendre pour l'éviter.

Innombrables sont les opérés et les accouchées qui doivent la vie à ce chimiste ignorant la médecine, mais qui, suivant la parole prophétique de Robert Boyle, ayant trouvé la cause des fermentations, avait du même coup trouvé celle des maladies infectieuses.

Dès qu'il est entré dans l'étude de ces maladies, Pasteur va rencontrer des adversaires aussi passionnés que ceux auxquels il s'était heurté à propos des fermentations et des générations dites spontanées. C'est à l'occasion du charbon, de l'atténuation des virus et surtout de la rage qu'ont eu lieu ces chocs retentissants de la période héroïque de la bactériologie. Partir du virus mortel du choléra des poules et de celui du charbon, en obtenir des virus atténués à tous les degrés, jusqu'à être inoffensifs, choisir dans cette gamme un virus donnant une maladie bénigne et conférant cependant une immunité solide, c'était assurément réaliser les plus belles expériences qui aient été faites sur les maladies virulentes. Montrer que la virulence est une qualité que les microbes peuvent perdre et acquérir, que les virulences variées sont héréditaires et peuvent être conservées telles quelles pour l'usage, c'était renverser l'idée que l'on avait alors des entités virulentes.

Pasteur ne se contentait pas de démontrer ces vérités par des expériences de laboratoire tenues pour suspectes par la plupart des médecins ; il les faisait passer dans la pratique. Après la célèbre expérience de Pouilly-le-Fort, les moutons et

Film du Centenaire.

LE TOMBEAU DE PASTEUR

les bovidés sont immunisés par milliers contre le charbon, puis ce sont les porcs qui sont mis à l'abri du rouget. Que pouvaient les discussions académiques en présence de ces immenses services?

Enfin, chef-d'œuvre après tant de chefs-d'œuvre, ce fut *le traitement préventif de la rage après morsure*. La période d'incubation, qui était pour le mordu un temps d'angoisse, est employée à le rendre réfractaire à la rage. Plus que tous ses autres travaux, le traitement préventif de la rage a valu à Pasteur des admirations sincères et des attaques passionnées. Aujourd'hui, des instituts antirabiques existent dans tous les pays. L'étude de la rage a inauguré celle des microbes invisibles qui prennent une place de plus en plus grande en pathologie. Elle a servi de modèle aux recherches sur la poliomyélite et sur l'encéphalite léthargique. La reconnaissance publique, guidée par l'Académie des Sciences, a édifié un Institut pour que Pasteur y continuât ses travaux. Telle est l'origine de l'Institut Pasteur, le plus ancien des Instituts de microbiologie dont aucun pays ne saurait se passer aujourd'hui, parce qu'ils sont des outils indispensables à la civilisation.

A parcourir ainsi l'œuvre de Pasteur, on en saisit la belle ordonnance. La résolution d'une question amène naturellement l'examen de la question suivante. Celles qui se sont ainsi présentées à Pasteur sont si nombreuses et si importantes qu'on admire qu'il ait pu y suffire. C'est qu'il possédait avec une étonnante puissance de travail, l'imagination créatrice et l'esprit critique. Il avait une foi absolue dans la méthode expérimentale et un indomptable courage pour soutenir les vérités qu'elle démontre. Son œuvre est prodigieuse par elle-même et par celles qu'elle a provoquées. Car, sont disciples de Pasteur ceux qui ont prouvé que certains microbes du sol sont les agents de la nitrification ; que d'autres, vivant en symbiose avec les légumineuses, absorbent l'azote de l'air. Sont disciples de Pasteur, ceux qui ont dévoilé les réactions cellulaires et humorales qui constituent l'immunité ; ceux qui ont établi que les microbes agissent sur l'organisme par les toxines qu'ils élaborent, ceux qui ont fait l'étonnante découverte des antitoxines et trouvé en elles le remède aux pires maladies ; ceux qui, les premiers, ont appris à préparer les sérums antimicrobiens. Sont disciples de Pasteur, ceux qui ont mis en évidence les réactions subtiles qui se passent dans les humeurs et en ont tiré des méthodes de diagnostic d'une précision inconnue, ceux qui emploient les vaccins variés, vivants ou morts, pour prévenir ou arrêter les maladies.

Après avoir rappelé ce que la microbiologie nous a déjà donné, si nous considérons qu'elle est née il y a soixante-cinq ans à peine et qu'elle est une science à son début, nous comprendrons les espoirs qu'elle promet encore ! Il est donc juste que le jour de naissance de Pasteur soit un jour de fête universel, car nul autre n'a mieux mérité que Pasteur la reconnaissance des hommes de toute race et de toute condition.

A l'Association française des Étudiants de Paris
Très affectueusement ce 27 Décembre 1892
L. Pasteur

A la Sorbonne

« Votre vie, disait à Pasteur le président de l'Association Générale, le 27 décembre 1892, au grand amphithéâtre de la Sorbonne, où eut lieu le jubilé du maître, infiniment précieuse aux hommes, est l'incarnation la plus puissante de la devise inscrite sur notre drapeau : « Science et Patrie ».

« Les étudiants de Paris vous garderont une reconnaissance éternelle. Ils vous apportent l'hommage de leur profonde et respectueuse admiration, prémices d'un culte qui ne périra pas. »

Ce serment solennel, l'A. G. l'a tenu. Elle n'a manqué aucune occasion de témoigner à Pasteur son attachement.

Depuis longtemps déjà elle avait projeté de célébrer avec l'éclat qu'il méritait le centenaire de la naissance de son second président d'honneur. Cette manifestation eut lieu le mercredi 27 décembre, au même grand amphithéâtre de la Sorbonne. Elle fut non seulement l'hommage respectueux des jeunes membres de l'A adressé à celui qui fut leur président et ami pendant six ans, mais celui de toute la jeunesse intellectuelle du monde entier à l'un des plus grands savants de l'Histoire et à l'un des plus grands bienfaiteurs de l'Humanité.

Pour participer à cette solennité, de nombreuses délégations d'étudiants répondirent à l'appel de l'A. G. de Paris.

Assistaient à la cérémonie les universités de Bordeaux, Caen, Clermont-Ferrand, Dijon, Grenoble, Lille, Lyon, Marseille, Mulhouse, Nancy, Poitiers, Rennes, Rouen, Strasbourg et Toulouse, ainsi que des délégations officielles des principales associations étrangères d'étudiants, l'Union Nationale des Universités et Universités-Collèges d'Angleterre et de Galles, l'Union Nationale des Etudiants de Belgique, la Corda Fratres Confédération Universitaire Italienne, l'Union Nationale des Etudiants Suédois, des Etudiants Néerlandais, des Etudiants Tchécoslovaques, des Etudiants Yougoslaves, et la Fédération Suisse des Etudiants.

Dans la rue de la Sorbonne et dans la rue des Ecoles, des paquets d'ombres s'écrasent sur la poitrine des agents et s'efforcent en vain de pénétrer auprès des quelques privilégiés qui remplissent les tribunes et l'hémicycle de l'amphithéâtre, déjà trop petits pour la nombreuse assistance qu'ils contenaient.

Sur l'estrade, les délégations françaises et étrangères déploient leurs drapeaux et bannières autour du buste de Pasteur dû au ciseau d'Antonin Carlès et mis aimablement à notre disposition par la veuve du célèbre sculpteur.

Quelques notabilités signent sur le livre d'or de l'Association.

A vingt heures quarante-cinq, M. Bérard, ministre de l'Instruction publique, fait son entrée. Il prend place au milieu de l'estrade. A ses côtés : M. Appell, recteur de l'Académie de Paris; MM. Calmette et Louis Martin, sous-directeurs de l'Institut Pasteur; Rollin, député de Paris; le général Lagrue, commandant le département de la Seine; M. Vallery-Radot et la famille Pasteur; MM. B. Robaglia, président du Conseil général; A. Claude, président de l'Association Générale des Etudiants, etc.

La musique de la garde républicaine joue la *Marseillaise*.

Notre président, André Claude, commença la série des discours. Il remercia d'abord M. le Ministre et M. Appell d'avoir bien voulu honorer avec les étudiants leur meilleur président et protecteur. Il rappela la garde d'honneur montée par les étudiants auprès du cercueil de Pasteur en 1895 et affirma l'inaltérable sympathie qui unit à jamais la jeunesse intellectuelle et studieuse à cet illustre savant.

Puis M. le Dr Amabert, président de l'Union Nationale des Associations d'Etudiants de France, apporta au grand homme le salut de toute la jeunesse française et M. Sjoegren, trésorier de la Confédération Internationale des Etudiants, représentant la délégation étrangère, revendiqua, pour l'humanité tout entière, l'honneur de glorifier ce grand homme et son œuvre pleine d'idéalisme et de constant dévouement.

Ce fut M. Louis Martin, sous-directeur de l'Institut Pasteur, qui retraça en un discours fortement applaudi l'épopée pastorienne. Ce fut un raccourci saisissant dans lequel furent exposées la vie et l'œuvre scientifique du savant éminent.

Après lui, M. Paul Appell, recteur de l'Université de Paris, fort ému par la cérémonie, rappela par des souvenirs personnels la fête du jubilé, en 1892. Il associa Mme Pasteur à la gloire de ce savant, faisant ressortir quelle affectueuse collaboration elle lui avait apportée. Il démontre la nécessité des recherches scientifiques en citant deux phrases que Pasteur écrivait en 1870 : « C'est par la science que nous avons été vaincus, je crois que la Paix et la Science triompheront de l'ignorance et de la guerre. »

Enfin, M. Léon Bérard, ministre de l'Instruction publique, félicite les étudiants d'avoir devancé les pouvoirs publics et d'avoir tenu à honorer Pasteur au jour exact de son anniversaire. Il annonce les fêtes gouvernementales qui auront lieu à Strasbourg. Il célèbre l'idéalisme de Pasteur et l'idéalisme français, nullement entaché d'impérialisme, même pas d'un impérialisme de laboratoire : « La France ne demande qu'à servir à sa place au bien de l'humanité. Le problème de la justice internationale se résoudra par l'œuvre de l'intelligence et la raison. »

On présenta ensuite, avec accompagnement des Concerts Colonne, le film *Pasteur,* film d'une réelle beauté dû à M. J. Epstein et commenté par M. Adrien Bruneau, inspecteur de l'enseignement artistique et professionnel. C'est toute la vie simple et laborieuse du grand savant, la reconstitution de ses expériences.

Et le grand amphithéâtre se vide sous les regards de Pascal, Lavoisier, Richelieu, Sorbon, Rollin, Descartes.

DISCOURS DE M. CLAUDE

président de l'A.

Monsieur le Ministre,
Monsieur le Recteur,
Mesdames, Messieurs,
Mes chers Camarades,

Je tiens, dès le début de cette séance, à adresser à Monsieur le Ministre de l'Instruction publique, l'expression de la reconnaissance des étudiants de Paris et des étudiants de toute la France d'avoir bien voulu présider, ce soir, cette cérémonie.

Je tiens également à adresser, dès maintenant, nos remerciements à Monsieur le Recteur de l'Université de Paris, qui a bien voulu nous aider, dès le premier jour, par ses encouragements, par son appui, et nous permettre de réaliser la cérémonie de ce soir.

L'Association générale des Etudiants a peut-être entrepris une tâche qui dépassait le cadre de sa compétence; deux points seulement la rattachent à la vie de Pasteur : Pasteur fut président d'honneur de l'A après Chevreul; nous eûmes l'honneur de participer à l'organisation du jubilé de 1892 où la France et le monde entier lui exprimèrent leur reconnaissance. Une autre circonstance, et c'est la plus douloureuse, nous permit, lors de sa mort, de veiller son catafalque dans Notre-Dame et de le conduire à sa dernière demeure.

Nous avions pensé, cependant, que cette initiative se bornerait à un simple désir, et qu'il ne nous incomberait pas, la lourde charge de toute l'organisation. Mais enfin, les témoignages de sympathie qui nous sont venus de partout, et surtout de l'Institut Pasteur, nous ont touchés profondément.

Je tiens à adresser à Monsieur le docteur Roux, à Monsieur le docteur Calmette et à Monsieur le docteur Martin, qui parlera ce soir au nom de l'Institut Pasteur, l'expression de notre vive reconnaissance.

J'adresse, au nom de l'Association générale des Etudiants de Paris, l'hommage de notre respect et de notre affection à Monsieur René Vallery-Radot qui est, depuis trente-cinq ans, membre honoraire de notre Association, et a eu la bonté de venir avec sa famille, assister à cette émouvante cérémonie.

La signification la plus illustre de ce soir est la présence, parmi nous, de ces délégations des Universités de toute la France et de ces délégations des pays étrangers qui, à notre appel, ont répondu avec un si grand empressement.

Il y a parmi nous, ce soir, des représentants officiels des Unions nationales d'Angleterre, de Belgique, de Hollande, de Suisse, d'Italie, de Yougoslavie, de Tchécoslovaquie. Je leur adresse nos plus affectueuses amitiés.

Et, mes chers Camarades étrangers, vous me permettrez de me tourner particulièrement vers cette imposante délégation des étudiants belges à qui je tiens à adresser le salut fraternel de tous les étudiants français.

Il y a des personnes autorisées à dire l'œuvre de Pasteur; je n'en dirai, pour l'Association, que deux choses.

Pasteur, au discours de l'inauguration de l'Institut Pasteur, prononçait ces mots qui, à cette date, étaient une prophétie : « *Deux lois contraires semblent aujourd'hui en lutte: une loi de sang et de mort qui, en imaginant chaque jour de nouveaux moyens de destruction, nous oblige toujours à être sur le champ de bataille; une loi de paix, de travail, de lutte qui ne songe qu'à délivrer l'homme des fléaux qui l'assiègent. L'une ne cherche que la guerre violente, l'autre que le soulagement de l'humanité.* »

Il appartient à nous, étudiants, jeunesse de tous les pays, de nous tourner vers cette loi de paix qu'il faut réaliser

Dans cette voie, des progrès considérables ont été réalisés, et c'est ainsi que, dans un mois, nos camarades hollandais nous recevront à La Haye; ils recevront les délégations de tous les étudiants de tous les pays du monde pour s'occuper enfin des droits de l'intelligence sans en oublier les devoirs. C'est à ces devoirs que je songe surtout ce soir, et je demande à nos camarades hollandais de bien vouloir placer spirituellement ce congrès sous la mémoire de Pasteur.

Cet après-midi, j'ai eu l'honneur, à l'Institut Pasteur, près du tombeau de Pasteur, d'exprimer, au nom des étudiants de France, notre pensée. Ce sera la conclusion de ces quelques mots.

« *Au nom de l'Association générale des Etudiants de Paris, j'ai le grand honneur de saluer la mémoire de notre illustre président d'honneur.*

La jeunesse intellectuelle de la France et du monde entier aura la gloire de célébrer ce soir, dans le temple de la science, cet émouvant centenaire.

L'œuvre et la vie de Pasteur sont l'emblème de la devise que porte notre drapeau : Science et Patrie.

Ces grandes causes, nous nous engageons à les servir, pour notre modeste part, avec la ferveur de notre foi, et l'élan de notre enthousiasme. »

DISCOURS DE M. SJOEGREN

délégué de la Suède.

Monsieur le Ministre,
Monsieur le Recteur,
Mesdames, Messieurs,
Mon cher Président,

En qualité de membre du Comité exécutif de la Confédération internationale des étudiants, j'ai l'honneur de vous présenter, à vous, mon cher Président, nos vifs remerciements de nous avoir invités à cette fête magnifique par laquelle vous avez voulu célébrer la mémoire de notre grand Pasteur, parce que c'est mon avis que Pasteur — et c'est l'avis de tous, je crois, — n'appartient pas seulement à la France. Pasteur appartient à l'humanité tout entière.

Le sentiment qui a été le ressort du travail de Pasteur a été son amour de l'humanité, et c'est cet amour de l'humanité que nous autres, étrangers, sommes habitués à voir comme représentatif de la France, du peuple français. Pasteur a uni, à cet amour de l'humanité, un amour du travail, et c'est dans cette union de l'amour de l'humanité et de l'amour du travail, et dans la réalisation de l'idéal qu'il s'était proposé, qu'est la grandeur de Pasteur, et c'est de ce qu'il a donné à l'humanité que nous lui sommes si reconnaissants.

Nous vous sommes reconnaissants, à vous, étudiants de Paris, de nous avoir invités à venir ici, ce soir, prendre part à cette fête. Je suis convaincu que l'esprit de Pasteur vit encore en France.

Peut-être que la majorité des étrangers qui viennent ici pour voir Paris, pour s'amuser, ne voit pas ce côté de l'âme française. Mais celui qui, comme moi, a vécu presque deux ans de guerre avec vous, celui-là sait ce que la France peut quand elle veut; celui-là sait ce que la France peut faire quand elle est dans un moment difficile et qu'elle a besoin que tous les bras, que tous les cerveaux travaillent.

Celui-là sait aussi ce que toute l'humanité doit à la France, et s'il n'est pas tout à fait aveugle aux défauts du peuple français — puisque tout peuple a ses défauts, — il espère pourtant que ces bonnes qualités, que nous admirons chez vous, vont se maintenir et se développer pour le bienfait de l'humanité tout entière.

DISCOURS DE M. APPELL

recteur de l'Académie de Paris.

Mesdames, Messieurs,
Mon Cher Président,
Mes Chers Etudiants,

Mes premières paroles seront pour souhaiter, au nom de l'Université de Paris, une cordiale bienvenue aux étudiants qui sont venus de tous les pays, de toutes les Universités, pour rendre hommage à l'illustre Pasteur. Parmi eux se trouvent les étudiants belges. Vous me permettrez de dire que, si nous considérons les étudiants de tous les pays du monde comme des amis, nous considérons les étudiants belges comme des frères.

Je veux remercier les étudiants de la visite un peu bruyante qu'ils m'ont faite ce matin et qui m'a beaucoup touché.

Je voudrais aussi remercier les étudiants de Paris, et en particulier l'Association Générale, d'avoir voulu donner cette fête dans l'amphithéâtre même où, il y a trente ans, a été célébré le jubilé de Pasteur. Il me semble le voir entrer par cette porte, donnant le bras à Carnot, et, à la place même où je parle, se trouvait le chirurgien anglais Lister qui a embrassé Pasteur.

Messieurs, je dois aussi remercier les étudiants de ce qu'ils montrent ainsi leur grand attachement à la science la plus grande. Ils ont compris que les applications pratiques ne peuvent naître que de la science la plus élevée dans tous les domaines et, de cela aussi, je les remercie. Tout à l'heure, en parlant de l'Institut Pasteur, le Président a relu son discours; il nous disait que la devise de l'Association des Etudiants était « Science et Patrie ». Cette devise, je dois dire que les Allemands l'avaient écrite au fronton de l'Université de Strasbourg pendant l'occupation allemande; ils l'avaient écrite en latin comme un défi — inconscient, je veux bien le croire — aux vaincus que nous étions. C'était la traduction de la devise française et maintenant les deux devises se donnent la main. Nous travaillons tous pour la Patrie. Tous les étudiants de tous les pays doivent aimer leur Patrie. Je sais qu'ils sont tous prêts à donner leur vie pour défendre sa liberté et sa dignité; mais au-dessus, comme le disait tout à l'heure le Président, se trouve l'humanité et, comme l'a dit aussi M. Sjoegren, Pasteur appartient à l'humanité entière. D'ailleurs, je vais faire une citation de Pasteur. Il a dit lui-même qu'il voulait que son travail soit une œuvre de paix et il a également dit que la science et la paix doivent vaincre l'ignorance et la guerre.

Je veux remercier le docteur Martin qui remplace ici le docteur Roux — que nous aimons tous. Je le remercie d'avoir consenti à le remplacer et de nous avoir fait cette conférence si brève, si précise et bien digne d'un élève de Pasteur.

Au moment où, dans ce pays, on constate partout la nécessité d'une haute intelligence, je vous demanderai la permission de rappeler les paroles que Pasteur a écrites. Voici ce qu'écrit Pasteur après les désastres de 1870-1871. Il se demande pourquoi la France n'a pas trouvé d'hommes supérieurs au moment du péril; il pense qu'on doit en voir la raison dans l'oubli et le dédain que notre pays avait eu pour les grands travaux de la pensée et particulièrement pour ceux des sciences exactes. Puis il ajoute : « Tandis que l'Allemagne multipliait ses Universités, qu'elle établissait entre elles la plus salutaire émulation, qu'elle entourait ses maîtres et ses docteurs d'honneurs et de considération, qu'elle créait de vastes laboratoires, dotés des meilleurs instruments de travail, la France, énervée par ses révolutions, toujours préoccupée de la recherche stérile de la meilleure forme de gouvernement, ne donnait qu'une attention distraite à ses établissements d'instruction supérieure. La culture des sciences, dans leur expression la plus élevée, est peut-être plus nécessaire à l'état moral d'une nation qu'à sa prospérité matérielle. Les grandes découvertes, les méditations de la pensée dans les arts, dans les sciences et dans les lettres, en un mot les travaux désintéressés de l'esprit et de l'intelligence, les centres d'enseignement propres à les faire connaître, introduisent, dans le corps social des Etats, l'émulation philosophique ou scientifique, cette pureté de discernement qui condamne l'ignorance, dissipe les préjugés ou les erreurs. Pasteur ajoute : « C'est par la science que nous avons été vaincus. » De ses réflexions est née la création de l'Université de Paris et des autres Universités françaises. Si Pasteur était parmi nous aujourd'hui, il appuierait tous ceux qui veulent développer en France l'amour de la recherche scientifique. Comme je l'ai dit tout à l'heure, il a été écrit sur les héros de l'humanité qu'à côté du héros prophète, du héros capitaine, du héros poète, Pasteur nous apparaît à tous comme le héros savant.

DISCOURS DE M. MARTIN

représentant l'Institut Pasteur.

Monsieur le Ministre,
Monsieur le Recteur,
Mesdames,
Messieurs,

Dans la pensée très louable d'honorer son ancien Président, l'Association Générale des Etudiants de l'Université de Paris a voulu fêter le centenaire de Pasteur dans cette salle même où il y a trente ans le monde entier est venu l'acclamer à l'occasion du 70e anniversaire de sa naissance.

En ce jour mémorable vous avez voulu, Messieurs les Etudiants, réunir ici les Maîtres et les élèves de l'Université pour rendre un solennel hommage à ce savant incomparable, au nom de tous les Pastoriens je vous en remercie.

Pour vous présenter l'œuvre de Pasteur j'utiliserai la belle *Vie de Pasteur* par M. René Vallery-Radot, les livres de Duclaux : *Ferments et Maladies* et *l'Histoire d'un esprit;* les écrits si vivants de M. Roux et surtout les livres, notes et mémoires de Pasteur lui-même, ce qui me sera facile grâce aux deux volumes qui viennent de paraître. Le docteur Louis Pasteur Vallery-Radot a réuni dans ces deux volumes les premiers travaux de Pasteur. C'était le plus éclatant hommage qu'on pouvait rendre à sa mémoire à l'occasion du centième anniversaire de sa naissance.

Je vous donne toutes mes sources car dans mon rapide exposé je serai forcément incomplet, j'espère bien cependant qu'après m'avoir entendu vous voudrez tous mieux connaître l'homme et le savant et vous saurez ainsi où vous documenter.

*
* *

C'est à l'Ecole Normale que Pasteur prit le goût de l'observation et le désir des découvertes.

Dans cette Ecole, qui a formé tant de Maîtres illustres et la plupart des collaborateurs de Pasteur, une grande liberté est laissée aux élèves qui trouvent à la bibliothèque de nombreux documents sur les sujets de leurs futurs travaux, sujets qu'ils choisissent eux-mêmes en toute indépendance.

Le Normalien prend ainsi l'habitude des méditations qui le conduisent à envisager de nouvelles recherches, à pratiquer de nouvelles expériences.

Les premières découvertes de Pasteur succédèrent à ses méditations sur la dissymétrie moléculaire.

Examinons quel est le premier problème qu'il cherche à résoudre. C'est ce qu'on a appelé souvent l'énigme de Mitscherlich. Les données de ce problème peuvent s'énoncer ainsi : le tartrate et le paratartrate de soude et d'ammoniaque ont même composition, même forme cristalline et cependant le tartrate dévie la lumière polarisée à droite et le paratartrate est indifférent. Il n'a aucune action sur la lumière polarisée.

Pasteur ne peut concevoir que ces deux corps soient réellement identiques; il se propose de les examiner, espérant bien établir qu'ils sont dissemblables.

Il étudie d'abord avec minutie la structure des cristaux et voit sur les tartrates une facette que personne n'avait remarquée et qui en fait un cristal nettement dissymétrique ce qui, pour lui, explique la déviation de la lumière polarisée. Il veut dès lors s'assurer que les paratartrates ne possèdent pas de facettes, ce qui expliquerait l'absence du pouvoir rotatoire; mais chose surprenante il retrouve les facettes sur les cristaux des paratartrates. Toutefois il remarque que les paratartrates ont des facettes s'inclinant tantôt à droite, tantôt à gauche, il sépare manuellement ces deux cristaux et constate que leur solution donne des déviations opposées au polarimètre, tandis que le mélange par parties égales de ces deux solutions n'a aucune action sur la lumière polarisée.

Le problème posé par Mitscherlich, était *physiquement* résolu. Pour bien s'en assurer, Pasteur demande à Biot de vérifier ses expériences, Biot prépare lui-même les solutions et, la déviation constatée, il prend le bras de Pasteur et lui dit : « Mon cher enfant, j'ai tant aimé les Sciences dans ma vie que cela me fait battre le cœur. » Ce fut une grande joie pour le Maître de voir Pasteur découvrir une solution impatiemment attendue et jusqu'alors inutilement cherchée et Biot proposa à l'Académie des Sciences de publier dans le recueil des membres étrangers le travail de Pasteur intitulé « Recherches sur les relations qui peuvent exister entre la forme cristalline, la composition chimique et le sens du pouvoir rotatoire. »

Mais Pasteur n'est pas entièrement satisfait de cette première solution; il écrit lui-même : « Il n'y a rien là de général. Ce dédoublement s'offre ici comme un accident. C'est un phénomène très curieux sans doute mais dont on ne voit aucune cause prochaine, c'est un seul paratartrate qui présente cette faculté de dédoublement... »

Puis il ajoute : « Tel était naguère l'état de la question mais je suis récemment arrivé à un procédé non plus manuel et mécanique de dédoublement de l'acide paratartrique, mais à un procédé chimique qui repose sur des principes tout à fait généraux. Ainsi les tartrates droits et gauches d'un même alcali organique actif, dans l'espèce les sels de quinicine et de cinchonicine, sont entièrement distincts dans leurs formes cristallines, leur solubilité, etc... » C'était la deuxième fois que Pasteur démontrait que l'acide paratartrique ou racémique était composé de deux acides droit et gauche. La première démonstration avait été obtenue par le physicien, c'est le chimiste qui obtient la deuxième plus générale.

Pasteur allait constater un résultat plus inattendu; voici comment il l'annonce :

« Je demande à l'Académie la permission de lui annoncer un résultat auquel j'attache une grande importance.

J'ai découvert un mode de fermentation de l'acide tartrique qui s'applique très facilement à l'acide tartrique droit ordinaire et très mal ou pas du tout à l'acide tartrique gauche.

Or chose singulière, mais que le fait précédent permet de prévoir, lorsqu'on soumet l'acide paratartrique formé par la combinaison, molécule à molécule, des deux acides tartriques droit et gauche, à ce même mode de fermentation; l'acide paratartrique se dédouble en acide tartrique droit qui fermente et en acide gauche qui reste intact, de telle sorte que le meilleur moyen que je connaisse aujourd'hui pour isoler l'acide tartrique gauche consiste à dédoubler l'acide paratartrique par la fermentation (21 décembre 1857).

Mais tout l'intérêt d'un fait qui précède me paraît se rattacher au rôle physiologique de la fermentation qui se présente comme un phénomène d'ordre vital.

En effet, nous voyons ici le caractère de dissymétrie moléculaire propre aux matières organiques intervenir dans un phénomène physiologique comme modificateur de l'affinité.

Il n'est pas douteux que c'est le genre de dissymétrie propre à l'arrangement moléculaire de l'acide tartrique gauche, qui est la cause unique exclusive de la non-fermentation de cet acide dans les conditions où l'acide inverse est détruit.

Assurément certaines idées philosophiques sur le concours nécessaire de toute chose à l'harmonie de l'Univers permettent d'affirmer que le caractère si général de dissymétrie des produits organiques naturels joue un rôle dans l'économie végétale et animale.

Mais la Science veut autre chose que des vues *a priori*.

Or, je remarque que, pour la première fois, dans le phénomène que je viens de faire connaître, le caractère de dissymétrie droite ou gauche des produits organiques intervient manifestement comme modificateur des réactions chimiques d'un ordre physiologique. »

On comprend qu'après cette belle expérience Pasteur délaisse les idées philosophiques qui l'avaient incité à passer de la dissymétrie aux fermentations, pour retenir le fait expérimental qui lui démontre les puissants moyens d'actions électives des ferments, et pendant dix ans il étudiera tous les ferments, toutes les fermentations.

*
* *

De toutes les fermentations, la plus connue est certainement la fermentation alcoolique.

Depuis longtemps on savait que le jus de raisin abandonné à lui-même bouillonnait, et que la saveur sucrée disparaissait. Lavoisier avait bien étudié le côté chimique de cette fermentation et montré que le sucre se transforme en alcool et acide carbonique.

Il restait à résoudre le côté physiologique, à expliquer comment s'établissait cette transformation.

Dès 1680, Leeuwenhoeck avait observé, dans la mousse superficielle qui se produit dans la fermentation, des globules ovoïdes sphériques; Cagniard-Latour les étudie à nouveau en 1836, il observe que ces organismes bourgeonnent et dit très nettement que si la levure agit sur le sucre, c'est probablement par quelques effets de sa végétation et de sa vie.

Mais Cagniard-Latour ne peut faire adopter son opinion.

Quand Pasteur entreprend l'étude de la fermentation le plus grand nombre des savants pensaient avec Liebig que la levure agissait comme matière organique en voie de destruction, qui transmettait au composé fermentescible le mouvement de destruction qui l'animait elle-même, la fermentation était considérée comme une œuvre de mort, la condition nécessaire pour sa production était la présence d'une matière animale ou végétale en voie de décomposition.

Le levure est un être vivant, déclare Pasteur, et, la fermentation est liée à son développement, non seulement la levure ne se détruit pas, mais elle vit et bourgeonne et de plus la fermentation peut avoir lieu en l'absence de toute matière organique puisqu'on peut la cultiver dans un milieu purement minéral, et que dans ce milieu elle transforme le sucre en alcool et acide carbonique et même en plus produit de la glycérine et de l'acide succinique. Telle est en peu de mots la doctrine de Pasteur, sur les fermentations et il démontrera qu'à chaque fermentation correspond un ferment vivant.

Il faut bien savoir cependant, que ce n'est pas la fermentation alcoolique qui a été la première étude de Pasteur; le premier ferment étudié fut le ferment lactique, petit bâtonnet qui se développe souvent au cours des fermentations alcooliques partant des jus de betteraves et entrave cette fermentation.

C'est en étudiant, avec l'aide du microscope, la marche des fermentations alcooliques, que Pasteur observe que tant que la levure se trouve seule, la fermentation donne de bons rendements; mais parfois, on voit apparaître d'autres micro-organismes et en particulier les bacilles qui troublent les fermentations, ce qu'on voit très nettement par l'apparition d'un dégagement de vapeurs nitreuses.

Et après avoir observé et expliqué le phénomène, Pasteur indique le remède. Chauffez le jus de betterave à 100° et ensemencez-le avec des levures pures et la fermentation alcoolique donnera désormais les meilleurs rendements.

En examinant les mauvaises fermentations, Pasteur découvre un autre microbe qui est un vibrion dodu, mobile, se présentant sous l'aspect de filaments tantôt très courts, tantôt plus longs. Dans le corps de ces filaments, on voit apparaître de petits corpuscules réfringents, qui donnent à ce microbe une très grande résistance, ce sont des graines.

Quand on examine sous le microscope entre lame et lamelle une goutte de liquide contenant ce micro-organisme, on voit qu'au centre de la préparation le micro-organisme est très mobile, tandis que tout mouvement cesse au bord de la lamelle tout se passe comme si l'air avait une influence nocive sur ces vibrions.

Le microbe examiné était le vibrion butyrique, agent de la fermentation butyrique qui fut découvert par Pasteur en 1861, et lui permit d'étudier les mystères de la vie sans air.

Et bientôt Pasteur peut établir qu'il y a des ferments qui sont aérobies, c'est-à-dire qu'ils ont besoin d'air pour se développer.

Qu'il y a des ferments anaérobies qui ne peuvent vivre qu'à l'abri de l'air et enfin que certains ferments peuvent se développer dans les deux modes mais leurs fonctions diffèrent suivant qu'ils vivent en aérobiose ou en anaérobiose.

Après ces remarquables observations, Pasteur étudie la vinification, explique les maladies des vins, par la présence de micro-organismes qui se développent comme des êtres parasites, conseille de chauffer les vins à 55°-60° pour détruire ces bactéries nuisibles, c'est ce qu'on a appelé la Pasteurisation.

De même il étudie aussi la transformation du vin en vinaigre et prouve qu'elle est produite par un ferment : le mycoderma aceti.

Enfin plus tard il suivra dans tous ses détails la fermentation de la bière et fixera toutes les règles qui sont en usage aujourd'hui pour cette fabrication.

Mais tout en étudiant les fermentations Pasteur pense beaucoup aux agents pathogènes puisque dès 1860 il écrit :

« Je n'ai pas fini avec toutes ces études, ce qu'il y aurait de plus désirable serait de les conduire assez loin pour préparer la voie à une recherche sérieuse de l'origine des maladies. »

Ce n'est que vingt ans après que Duclaux pourra exposer les idées du Maître sur ce sujet dans son livre intitulé : « Ferments et Maladies ».

*
* *

Tout en envisageant la possibilité d'étudier l'origine des maladies, Pasteur estime qu'il doit compléter ses connaissances sur les ferments et il s'attaque au problème de leur origine.

D'où viennent ces agents mystérieux si faibles en apparence, si puissants dans la réalité qui sous un poids très minime possèdent une énergie exceptionnelle?

Et c'est le désir de résoudre ce problème qui le conduit à l'étude des générations dites spontanées. Cette étude a soulevé les discussions les plus vives, les plus passionnées, mais elle a permis à Pasteur d'établir les techniques bactériologiques, et aussi de montrer que le microbe est partout autour de nous dans l'air, dans l'eau, dans le sol, dans les objets qui nous environnent.

Quand on les rencontre dans un liquide organique, on peut affirmer qu'ils viennent de l'extérieur.

Après toutes les discussions et toutes les belles expériences qu'elles ont suscitées, Pasteur conclut :

« Non, il n'y a aucune circonstance aujourd'hui connue dans laquelle on puisse affirmer que des êtres microscopiques sont venus au monde sans germes, sans parents semblables à eux. Ceux qui le prétendent ont été le jouet d'illusions d'expériences mal faites, entachées d'erreurs qu'ils n'ont pas su apercevoir ou qu'ils n'ont pas su éviter. » Et après cette affirmation, Pasteur envisage l'avenir et conclut : « Maintenant, Messieurs, il y aurait un beau sujet à traiter; c'est celui du rôle, dans l'économie générale de la création, de quelques-uns de ces petits êtres qui sont les agents de la fermentation, les agents de la putréfaction, de la désorganisation de tout ce qui a eu vie à la surface du globe. Ce rôle est immense, merveilleux, vraiment émouvant (1864). » Et Pasteur entrevoit de beaux travaux.

*
* *

Quand Pasteur affirmait la probabilité de nouvelles découvertes, c'est qu'il était déjà sur la voie. Mais ses recherches sur les fermentations furent interrompues par l'étude des maladies des vers à soie (1865-1870). Pasteur les entreprend à regret sur la demande de J.-B. Dumas et du Ministre de l'Agriculture.

Voici du reste des extraits de la préface de l'ouvrage consacré à l'étude des vers à soie.

*
* *

« J'hésitai beaucoup à accepter cette délicate mission. Outre que je n'avais pas l'espoir de la mener à bonne fin, j'éprouvais le regret de devoir abandonner pour un temps nécessairement fort long, des travaux qui m'étaient chers et dont les développements imprévus enflammaient mon ardeur.

« C'était au moment où les résultats de mes recherches sur les ferments organisés animaux et végétaux m'ouvraient une vaste carrière.

« Comme application de ces études, je venais de reconnaître la véritable théorie de la formation du vinaigre et de découvrir les causes des maladies des vins dans la présence de champignons microscopiques.

« Mes expériences avaient jeté une lumière nouvelle sur la question des générations dites spontanées.

« Si j'osais me permettre cette antithèse, le rôle des infiniment petits m'apparaissait infiniment grand, soit comme cause des diverses maladies, notamment des maladies contagieuses, soit pour contribuer à la décomposition et au retour à l'atmosphère de tout ce qui a vécu. »

Faisant taire ses regrets, Pasteur se met au travail, il rend compte de ses premières observations à l'Académie des Sciences en septembre 1865. Mais il lui faudra quatre ans pour obtenir la solution.

Le premier point qui fixe la pensée de Pasteur, c'est la présence des corpuscules dans les vers à soie et le premier problème qu'il cherche à résoudre est le suivant.

Les corpuscules sont-ils ou non la cause de la maladie?

Immédiatement il cherche des papillons sans corpuscules et les met à grainer.

Il aura la réponse un an après.

Combien l'avaient cherchée cette réponse depuis l'année 1835 où pour la première fois Bassi avait décrit le corpuscule?

Mais personne n'avait proposé ou pratiqué l'expérience précise qui devait répondre nettement et sans discussion.

Un an après Pasteur peut répondre, les papillons sans corpuscules donnent des graines saines.

Le problème est donc résolu.

Pas du tout, car si on élève cette graine saine au voisinage de graines malades, il y aura des contaminations qui donneront à la maladie une marche différente suivant qu'elles se produiront aux différentes mues. Et Pasteur se trouve aux prises avec tout le redoutable problème de la contagion.

Quand il lui semble bien démontré que des papillons sans corpuscules donnent des graines saines, Pasteur suit attentivement l'élevage de ces graines saines, cherche à s'expliquer comment il peut y avoir contagion et bientôt il peut exposer toutes les précautions indispensables pour l'éviter.

Il va plus loin, il veut reproduire tout ce qu'il a vu, il veut reproduire expérimentalement la maladie et avec Duclaux, Gernez et Maillot, il entreprend l'étude expérimentale de la pébrine.

Il contamine les vers lors de l'éclosion de la première mue, de la 2ᵉ, de la 3ᵉ, de la 4ᵉ mue, plus la contamination est précoce plus la maladie est grave, tandis que pour des contaminations tardives, l'on verra des vers filer de beaux cocons, mais les papillons seront corpusculeux et la graine sera contaminée.

L'hérédité de la maladie est démontrée.

Tout ce qui avait dérouté les observateurs, tout ce que Pasteur avait vu, l'expérience le reproduit, l'explique et Pasteur est en droit de conclure que le corpuscule est bien réellement le parasite qui produit la maladie.

Mais tout n'est pas expliqué et cette maladie des vers à soie a soumis la patience et la sagacité de Pasteur à de rudes épreuves et lui a prouvé une fois de plus que la nature ne livre pas facilements ses secrets.

Il y a des vers qui périssent sans corpuscules, il y a des vers qui ne se développent pas, ils sont mous, flasques et meurent donnant aux élevages l'aspect de fumiers.

C'est une autre maladie, dit Pasteur, et c'est un autre parasite qui la cause et il reproduit expérimentalement cette nouvelle maladie qui elle aussi est contagieuse et il retrouve chez ce nouveau parasite des corpuscules germes et s'explique ainsi leur conservation dans les magnaneries. Mais il sait dès lors comment combattre la Flacherie.

Après toutes ces remarquables observations Pasteur préconise le grainage cellulaire, chaque papillon pond à part dans une cellule, complètement isolé de ses voisins, puis les parents sont examinés. S'ils contiennent des corpuscules, les œufs sont détruits, s'ils n'en contiennent pas, les œufs sont livrés à l'élevage.

Cette pratique si simple a sauvé l'industrie de la sériciculture et Pasteur a pu légitimement conclure :

« Aujourd'hui j'ai la ferme conviction d'être arrivé à la connaissance d'un moyen pratique, propre à prévenir sûrement le mal et à empêcher son retour à l'avenir. »

Comme l'a dit M. Roux : « Le livre sur les maladies des vers à soie est le véritable guide de celui qui veut étudier les maladies contagieuses. »

Combien Pasteur avait raison quand il disait : ce sujet est peut être dans le cadre de mes études présentes. En tous cas ces recherches eurent un heureux résultat, elles l'orientèrent de plus en plus vers l'application aux maladies contagieuses de la théorie des germes.

*
* *

C'est en 1860 que Pasteur avait annoncé que l'étude des fermentations devait le conduire à l'étude des maladies contagieuses.

Il avait semé la bonne semence dans un bien mauvais terrain car la semence levait lentement; elle levait cependant.

En 1865-1869, Villemin, professeur au Val-de-Grâce, démontrait que la tuberculose était inoculable, le microbe cause de la maladie ne devait être découvert qu'en 1882.

Les chirurgiens cherchaient à comprendre Pasteur et à déduire de ses travaux des remèdes contre l'infection purulente. Vers la fin de la guerre de 1870 Alphonse Guérin préconise le pansement ouaté, car il estime que l'infection purulente peut bien être due aux germes ou ferments que Pasteur avait découverts dans l'air et sur trente-quatre opérés, dix-neuf échappent à la mort.

C'est, dès 1867, que le chirurgien écossais Lister crée la méthode antiseptique et Just Lucas Championnière la fait connaître en France en 1876.

C'est surtout Davaine qui reprend ses études sur le charbon après les travaux de Pasteur sur les ferments butyriques et qui s'acharne à démontrer que le bâtonnet vu par Delafond en 1838 et par lui-même en 1850 est bien l'agent qui produit le charbon.

Il croit toucher le but en 1863 quand il peut reproduire la maladie chez le lapin.

Mais voici que Jaillard et Leplat prétendent contredire ses conclusions en montrant que du sang provenant d'une vache morte du charbon tue le lapin sans qu'il soit possible de mettre en évidence dans le sang de ces animaux la bactéridie de Davaine. Bactéridie qui, disaient-ils, se développe parfois comme un épiphénomène de la maladie mais qui n'en est pas la cause. Paul Bert affirme aussi qu'on peut tuer le *bacillus anthracis* dans la goutte de sang par l'oxygène comprimé et que si on inocule le sang privé de la bactéridie on reproduit la maladie, et quoique Koch en 1876 ait pu cultiver la bactéridie en goutte pendante dans l'humeur aqueuse; tout était encore incertitude.

C'est le moment où Pasteur aborde l'étude du charbon.

Pasteur intervient avec une technique impeccable.

Par une expérience très simple, il acquiert la conviction que la bactéridie est bien la vraie cause de la maladie. Il ensemence du sang charbonneux dans du bouillon, dans un milieu de culture stérile, et voit que la bactéridie cultive seule et qu'il a bien une culture pure; il prend une trace de cette culture, l'ensemence dans un nouveau ballon et la bactéridie se développe toujours seule; il obtient cent autres cultures filles de la première, et la dernière culture ne contient que la bactéridie et donne le charbon.

Prenant une de ces dernières cultures, il la transporte dans les caves de l'Observatoire, loin de toute trépidation, les microbes se sédimentent et le liquide superficiel privé de germes ne donne plus la maladie.

Mais il ne suffit pas à Pasteur d'acquérir la certitude que la bactéridie produit la maladie, il veut expliquer tous les faits observés.

Koch avait vu que la bactéridie donnait des spores et Pasteur savait par ses expériences antérieures sur le ferment butyrique, sur la flacherie que les microbes qui ont des spores deviennent très résistants aux divers agents qui détruisent facilement les simples bactéries.

C'est par l'existence des spores que Pasteur explique l'expérience de Paul Bert, et dit pourquoi l'oxygène comprimé n'a pas tué les germes du charbon.

C'est par l'existence d'une autre maladie que Jaillard et Le Plat ont pu contredire les expériences de Davaine, et Pasteur montre qu'ils ont inoculé un autre germe, et il découvre le vibrion septique.

En possession de toutes ces données, Pasteur poursuit l'étude du charbon loin du laboratoire en observant les troupeaux. Avec ses collaborateurs Chamberland et Roux, il se transporte dans les fermes de la Beauce, interroge les bergers, observe, réfléchit et toute l'étiologie du charbon naît de ses observations, de ses réflexions.

C'est la spore qui joue le grand rôle dans la conservation du microbe.

Ce sont les cadavres des animaux enfouis dans la terre qui conservent les bactéridies pendant des années.

C'est l'enfouissement des cadavres qui explique les *champs maudits*.

Ce sont les vers de terre qui de la profondeur, du voisinage du cadavre remontent à la surface la spore charbonneuse qui souille la nourriture, et les animaux s'infectent par les premières voies digestives en absorbant ces spores charbonneuses, l'inoculation est rendue plus certaine si, dans la nourriture, il y a des objets piquants, des chardons, des barbes d'orge, toute lésion de la muqueuse favorise l'infection.

Et Pasteur indique un premier moyen pour se prémunir contre la maladie. Enterrez les animaux dans des champs spéciaux entourés de barrières solides où les troupeaux ne devront jamais paître.

Film du Centenaire.

JUBILÉ DE PASTEUR (27 décembre 1892)

Ou mieux détruisez les cadavres dans des clos d'équarrissage.

Mais ces moyens prophylactiques ne devaient pas satisfaire l'esprit de Pasteur. Bientôt il observe que des moutons inoculés survivent quelquefois aux inoculations expérimentales et dans la suite ils se montrent toujours insensibles au virus, il y a donc des animaux vaccinés contre le charbon.

Un fait bien constaté explique en partie le mécanisme de cette immunité.

Un vétérinaire de Lons-le-Saunier prétendait guérir avec de l'essence de térébenthine les animaux malades du charbon.

MM. Pasteur et Chamberland, appelés à contrôler cette découverte, inoculèrent quatre vaches avec du charbon virulent, deux vaches furent confiées au vétérinaire pour être traitées, elles moururent, deux vaches furent gardées comme témoins, une seule mourut, l'autre résista et se montra dans la suite réfractaire à toute nouvelle inoculation.

*
* *

Entre ces expériences et les suivantes, Pasteur fit une grande découverte en étudiant le choléra des poules.

Il vit que le microbe du choléra des poules s'atténue facilement, lorsqu'il est longtemps exposé au contact de l'air et c'est avec ce microbe fragile qu'il entreprend les premières vaccinations bactériennes qu'on a depuis appelées vaccinations pastoriennes pour les distinguer de la vaccination jennérienne.

C'est aussi en étudiant le choléra des poules que Pasteur démontre que le bouillon de culture privé de germes contient des produits solubles qui reproduisent une maladie atténuée ou grave suivant la quantité injectée.

Pasteur obtenait ainsi la première toxine microbienne.

Après la découverte du vaccin du choléra des poules, on comprend que Pasteur ait pensé aussitôt à obtenir une bactéridie atténuée, mais ici le problème était plus difficile à résoudre car la bactéridie charbonneuse avait une graine, un germe que l'action de l'oxygène ne pouvait atténuer.

Pasteur cherche d'abord à produire une bactéridie ne donnant pas de spores (asporogène) et il établit que sous l'influence des antiseptiques ou de la chaleur 42° à 45° le microbe perd la propriété de donner des spores.

Et en même temps la bactéridie perd de sa virulence. Mais si, l'on diminue la dose de l'antiseptique, si l'on abaisse la température de l'étuve, la bactéridie sporule à nouveau et les spores donnent naissance à des germes atténués.

Ces germes reprennent leur virulence si on les injecte par passages successifs à des animaux.

Pasteur démontre ainsi qu'on peut faire varier la virulence, l'augmenter ou la diminuer et l'animal qui reçoit la culture incapable de le faire périr est vacciné contre un microbe plus nocif.

Le principe de la vaccination charbonneuse était découvert. Il ne restait plus qu'à fixer la technique pour obtenir dans la pratique la vaccination des animaux.

Deux vaccins sont utilisés, le premier vaccin sera très peu actif, il doit être capable de tuer la souris, mais ne devra donner la mort au cobaye que lorsqu'on l'inocule à fortes doses.

Il sera incapable de tuer le lapin, et à plus forte raison le mouton et les grands animaux.

La deuxième inoculation sera pratiquée douze jours après la première, avec un virus plus actif qui donnera aux animaux une immunisation suffisante.

Tous ces faits établis au laboratoire reçurent une éclatante démonstration, lors de l'expérience de Pouilly-le-Fort que vous verrez bientôt sur l'écran dans tous ses détails et que je résumerai ainsi :

La Société d'Agriculture de Melun mit à la disposition de Pasteur soixante moutons répartis en trois lots.

Un lot de vingt-cinq moutons subit les deux injections vaccinantes, ils supportèrent l'injection de virus dangereux, tandis que les vingt-cinq qui constituaient le second lot et qui reçurent des microbes virulents, seuls succombèrent. Le troisième lot de dix moutons servit de témoin, il fallait s'assurer par comparaison que la vaccination ne porterait aucun dommage à la santé des animaux inoculés.

L'expérience de Pouilly-le-Fort fut un triomphe pour Pasteur et ses collaborateurs, Chamberland et Roux.

Ce fut également un triomphe éclatant pour les méthodes Pastoriennes.

Après la vaccination charbonneuse, l'esprit des contemporains de Pasteur pouvait difficilement concevoir de plus belles découvertes. Il était cependant réservé à Pasteur de se surpasser dans l'étude de la rage.

*
* *

L'homme et les animaux contractent la rage, et depuis très longtemps on savait que la maladie était inoculable.

Pourquoi donc n'a-t-on fait aucun progrès dans l'étude de la rage puisque les propriétés virulentes de la bave étaient connues et que l'expérimentation était possible?

Les causes de cette absence de progrès sont multiples. La bave est une substance très impure, inoculée sous la peau elle produit des abcès, parfois même les animaux meurent de septicémie.

La période d'incubation est très longue, les

animaux inoculés meurent très irrégulièrement ou ne meurent pas tous.

L'expérimentation sur le chien était en somme assez difficile.

M. Galtier, professeur à l'Ecole vétérinaire de Lyon, permit de réaliser un grand progrès quand il montra que la bave du chien inoculée sous la peau du lapin lui donnait la rage.

Tel était l'état de la question, quand Pasteur entreprit l'étude de la rage, il chercha tout d'abord à se servir d'un virus plus pur que la bave et songea à injecter de la substance nerveuse. Ses expériences lui permirent bientôt d'affirmer que le virus existe à l'état de pureté dans les centres nerveux. En multipliant les inoculations, il remarqua que l'injection sous-cutanée ne donne pas des résultats absolument certains, il en vint à pratiquer l'inoculation directement sous la dure-mère à la surface du cerveau, et il réussit toujours à produire la maladie. Possédant désormais un moyen certain de donner la rage, il put l'étudier, et, sans connaître le microbe, il le conserva par passage dans la substance nerveuse des lapins. Le lapin fut pour le microbe de la rage, l'étuve et le bouillon de culture.

En appliquant cette méthode à l'étude de la rage chez le chien, il constate que certains animaux sont réfractaires et dès lors comme pour le charbon, tous les espoirs sont permis. Il recherche un virus atténué, utilise pour cela la moelle désséchée, reconnaît que le virus le plus atténué est doué de propriétés vaccinantes, à l'égard des virus immédiatement supérieurs, d'où la possibilité de rendre les animaux réfractaires à l'aide d'inoculations successives et progressivement virulentes.

On sait quels furent les résultats de cette première série d'expériences, dix neuf chiens rendus réfractaires à la rage résistèrent sans exception aux inoculations les plus variées. Après avoir vacciné les chiens sains contre le virus, M. Pasteur essaye sa méthode sur des chiens auxquels il avait inoculé le virus des rues et n'obtient que des succès.

Enfin Pasteur, confiant dans la méthode expérimentale, applique à l'homme le nouveau traitement, voici dans quelles circonstances.

Un enfant de 9 ans, Joseph Meister, avait été mordu profondément à la jambe et aux mains, le 4 juillet 1885, par un chien enragé, il fut adressé à Pasteur par le docteur Weber.

MM. Vulpian et Grancher consultés pressèrent M. Pasteur d'essayer sur cet enfant la méthode qui réussissait constamment chez le chien.

Le jeune Meister survécut.

Plus que toutes ses autres découvertes, les merveilleux travaux sur la rage ont immortalisé et popularisé le nom de Pasteur.

*
* *

Je pourrais terminer sur cet éclatant succès mon rapide exposé, mais je serais vraiment trop incomplet.

J'aurais oublié toutes les études sur le rouget du porc, maladie qui elle aussi a été vaincue par les vaccins Pastoriens. Pour préparer les microbes atténués Pasteur a utilisé la méthode de passage chez les lapins, le microbe en vivant dans l'organisme du lapin devient moins virulent pour le jeune porc.

J'aurais oublié tous les microbes découverts par Pasteur chez l'homme :

Le streptocoque, microbe en chapelet de grains, terrible agent de la fièvre puerpérale, de l'érysipèle.

Le staphylocoque dont les grains arrondis se disposent en grappe qui fut trouvé dans le furoncle et aussi dans l'ostéomyélite et devant cette constatation, au grand étonnement des médecins, Pasteur définit l'ostéomyélite, le furoncle des os; et le pneumocoque qui produit la pneumonie, il fut trouvé pour la première fois, par Pasteur, dans la salive d'un jeune enragé.

J'aurais commis un oubli plus impardonnable, je ne vous aurais pas parlé de la dévouée collaboratrice de Pasteur, de celle qui pendant sa vie entière fut sa confidente, fut son soutien dans les mauvais jours, connut la première ses belles découvertes et comprit avant tous l'enchaînement et le développement de ses travaux. Dans l'œuvre scientifique de Pasteur personne n'a le droit d'oublier Mme Pasteur. Tous les collaborateurs de Pasteur ont connu son infinie bonté, tous les Pastoriens ont gardé pour Mme Pasteur plus que du respect, je dirai de la vénération. Elle fut la compagne parfaite.

Je viens de vous faire connaître simplement et rapidement les principaux travaux de Pasteur, j'ai essayé de vous montrer comment tout s'enchaîne dans ses recherches et, son œuvre est si merveilleuse, qu'on a souvent parlé de l'Epopée Pastorienne.

L'œuvre de Pasteur est en effet une conquête, il n'y en a pas de plus belle.

Pasteur a découvert le monde des infiniment petits, ennemis invisibles mais puissants de notre pauvre humanité, il les a conquis et domptés.

La conquête a nécessité de grands efforts, la lutte a été vive. Pasteur en est sorti souvent blessé, jamais découragé.

Cette lutte belle et grande a été menée avec toute l'ardeur et l'énergie que les Français mettent toujours à défendre les bonnes causes, aussi fut-elle toujours victorieuse.

L'œuvre de Pasteur a honoré et grandi notre chère Patrie; mais les bienfaits qui en découlent ont passé nos frontières pour profiter à tous les hommes.

Toujours dans tous les temps, dans tous les lieux, les humains, béniront Pasteur.

DISCOURS DE M. LÉON BÉRARD

ministre de l'Instruction publique.

Mesdames, Messieurs,

Dans des cérémonies qui ont été légalement prévues pour 1923, le Gouvernement rendra, à la mémoire et à l'œuvre de Pasteur, un hommage solennel.

Ce soir, c'est la jeunesse universitaire qui s'est assemblée, dans sa demeure la plus noble, pour fêter la naissance d'un des plus grands patrons de l'intelligence française. Je la remercie de m'avoir convié à cette fête et je n'y apporte pas d'autre intention que de dire, avec les paroles les plus simples et les plus brèves, combien je me félicite — comme il faut se féliciter — que ce soit à côté des continuateurs et des disciples du maître que les étudiants de Paris et les étudiants de France aient voulu ouvrir l'année jubilaire que ce pays va consacrer à Pasteur et à la science.

Tout un peuple, au cours de cette année, va être appelé à mieux prendre conscience d'une de ses gloires les plus éclatantes et les plus pures, à se réjouir, en célébrant le génie de Pasteur, d'un des dons les plus précieux qui lui aient été faits, et, parce qu'il a partagé ce présent avec l'humanité tout entière, il pourra se réjouir sans scrupule, sans crainte de donner dans un égoïsme même national, sans pouvoir être accusé en un mot, par aucun autre, de se complaire en un culte étroit de ses grandeurs propres.

La vie, l'histoire et les travaux de Pasteur, racontés à tous, diront partout avec la clarté persuasive d'un exemple héroïque et populaire, la valeur de la science et la fonction du savant. L'éminent recteur de Paris nous disait tout à l'heure comme il importe que l'attention de tous soit fixée aujourd'hui sur la valeur de la recherche scientifique et, tout à l'heure, celui qui a parlé au nom de l'Institut Pasteur a évoqué ce que je me permettrai d'appeler un roman du génie et de la logique : car, qu'y a-t-il de plus excitant pour l'imagination humaine et pour l'imagination française entre toutes, que la simple histoire qui s'est déroulée tout à l'heure devant nos esprits et devant nos yeux? Et, y a-t-il beaucoup de créations du génie littéraire qui puissent supporter la comparaison avec ce simple récit que M. le docteur Martin nous a fait? Ce récit, il faut que nous le portions, avec les transpositions nécessaires, devant les plus humbles qui peuvent le recevoir en tout ou en partie, parce que la grande cause de la science nécessite plus que de la célébrer dans des ostentations aléatoires, il faut y associer le pays tout entier. Il faut que les Pouvoirs Publics, malgré les rudes nécessités des temps, consentent à cette grande cause les sacrifices nécessaires. Mais il faut aussi populariser cette idée qu'il n'est point de progrès dans l'ordre matériel, dans ce que nous appelons d'un mot courant la civilisation, qui ne dérive de quelque découverte de la science pure. Il faut populariser cette idée que partout où il y a une meule, une turbine ou une dynamo, il faudrait rendre grâce au génie d'Ampère que nous célébrions ici même il y a quelques mois, comme partout où une guérison s'accomplit par les procédés de la médecine pasteurienne, on devrait rendre grâce au génie de Pasteur. Jusqu'à présent ceux qui ont bénéficié de ces grandes découvertes n'ont peut-être pas payé à la science le tribut qui lui est dû, et le savant par vocation et par définition est désintéressé et ne demande rien pour lui-même. Mais, en attendant peut-être qu'une législation, dont je vois ici des représentants qui sont des précurseurs, puisse répartir ce tribut qui est dû à la science, eh bien! par la persuasion et par la propagande, essayons d'en maintenir le concours à ceux qui luttent pour nous rendre meilleurs, pour nous rendre plus forts. Oui, c'est cette propagande que nous allons faire au cours de l'année vouée à Pasteur, car, si Pasteur, Messieurs, nous propose un sujet d'allégresse nationale et l'occasion de réfléchir sur les devoirs les plus sérieux et les plus pressants, il nous plaît de voir, Messieurs les Etudiants, que vous y êtes entrés les premiers, il nous plaît d'y entrer précédés par vous et volontiers nous vous prenons pour guides. La vie des hommes de science, la vie de Pasteur entre toutes, prouve que l'enthousiasme, une certaine chaleur de cœur, une foi ardente, sont ce qui dispose le mieux aux acquisitions du savoir, et puis, une tragique expérience a fait de certains d'entre vous comme les aînés de leur peuple. D'autres ont reçu de leurs morts, dont vous représentez à la fois le souvenir et l'espérance, une investiture virile qui supplée au nombre des années. Oui, il nous plaît de vous voir au premier rang et parmi les plus empressés de ceux qui gardent les grandes œuvres, les grandes mémoires et les grands noms.

Vous avez eu l'heureuse pensée d'ouvrir ce soir vos rangs à vos camarades des pays étrangers. Je suis très heureux de leur adresser, après M. le Recteur, le salut de l'Université et le salut du Gouvernement. Ils nous viennent du climat d'Ibsen ou du climat de Shakespeare, du pays de Dante ou du pays de Rembrandt; notre vieille Sorbonne a été heureuse de les réunir à vous, selon sa vocation séculaire, comme elle s'est réjouie d'accueillir ceux qui sont venus les plus nombreux, nos voisins et amis des Universités de Belgique, qu'il nous est plus doux que jamais de trouver fidèles à notre fraternité spirituelle et dont la grandeur et la liberté de leur nation ne nous est ni moins précieuse, ni moins chère que ce qui nous est commun par la culture et par l'histoire.

Parmi cette jeunesse studieuse, nos hôtes — je me plais à le croire — recevront directement, sans aucune réfraction de polémique, l'image véritable de la France. Les difficultés physiques de vivre, que la guerre nous a léguées, nos étudiants français les éprouvent plus durement que personne. Il serait légitime qu'ils en eussent le souci dominant comme il est juste et nécessaire que les Pouvoirs publics et les citoyens à qui les bouleversements économiques de la guerre n'ont pas été désastreux, se décident à venir au secours des étudiants; cependant ceux-ci se montrent fervents à exalter les gloires de l'intelligence et le soin désintéressé des choses de l'esprit; chacun à son degré et dans son ordre, le Français a cet idéalisme impénitent.

Oui, je me flatte que nos hôtes, dans le milieu où vous les avez conviés, apprendront à nous connaître; ils veront notamment que nous n'avons jamais méconnu les apports que d'autres peuples, quels qu'ils soient, ont pu faire à l'œuvre du progrès scientifique. Nous ne sommes entachés d'aucun impérialisme, pas même d'un impérialisme de laboratoire, et nous sommes d'autant plus fiers des grandes découvertes qui ont pu s'accomplir chez nous, qu'elles ont servi davantage au bien commun de l'humanité.

La science ou l'art qui prétend régler les rapports des sociétés humaines n'est pas encore soumise, Messieurs, aux rigoureuses disciplines intellectuelles qui conduisirent Pasteur jusqu'aux sources mêmes de la vie. On n'a pas encore trouvé le virus atténué propre à combattre certaines haines humaines et à éviter certains conflits sanglants. En attendant qu'une règle scientifique vienne gouverner aussi ce domaine tumultueux des intérêts et des passions, le problème de la justice internationale se posera pour beaucoup, pour un grand nombre, comme l'avait posé un philosophe français dont nous célébrerons, dans quelques mois, le tricentenaire et qui repose, à quelques pas d'ici, sur la colline où nous nous trouvons assemblés ce soir. *Il faut faire*, a dit Blaise Pascal, *que tout ce qui est juste soit fort et que tout ce qui est fort soit juste*. Eh bien! le problème étant donné, nous croyons ardemment que c'est par des œuvres de l'intelligence et de la raison que nous pouvons le résoudre et que nous pouvons contribuer à ramener dans le monde bouleversé où nous vivons la justice et un ordre stable. C'est la même raison ou c'est la même intelligence qui guide Descartes lorsqu'il jette les assises de sa philosophie; Claude Bernard, lorsqu'il décrit les conditions d'une expérience scientifique; Pasteur, lorsqu'il institue cette expérience et qu'il en discute les résultats. Puissent-elles, Mesdames et Messieurs, guider et inspirer aussi, cette raison et cette intelligence, tous ceux qui ont la rude charge de la prospérité des peuples et de la paix parmi les nations. Eh bien, c'est ce vœu essentiel que la France entière forme au moment où elle convie, dans une des métropoles de l'esprit, le monde entier, à fêter avec elle l'un des plus grands Français qui soit né, l'homme prodigieux dont on vous racontait tout à l'heure l'histoire, dont on peut dire — et cela n'est même pas possible à dire de tous les savants — que l'humanité ne lui doit que des bienfaits en même temps que le savoir humain lui doit des transformations profondes. Ce vœu, Messieurs les Etudiants, vous nous aurez aidés, ce soir, à le formuler, avec une précision et une force singulières, devant l'assemblée d'élite qui nous entend, devant la France et devant nos hôtes de l'étranger. Je veux très simplement et de tout cœur vous en remercier. A vous voir et à vous entendre, à vous entendre parler de nos grandes gloires nationales, nous aurons le sentiment bien net que nous admettons, à l'exemple du grand maître que nous fêtons ce soir, que si le savant lui-même est le citoyen de son pays, sa découverte doit servir au bien de tous les hommes. Eh bien, nous aussi, tout notre impérialisme consiste à vouloir servir, à notre place et à notre rang, dans le monde, et à vouloir servir en nous inspirant de notre tradition nationale : le progrès du droit et le bien de l'humanité.

"L'Étoile de Pasteur"

Sonnet dit par la muse des armées,

Mme CARISTIE-MARTEL,

Fondatrice de "France-Belgique",

à la Maison des Étudiants, le 30 décembre 1922.

* * *

Passant, découvre-toi! Voici le Bienfaiteur!
En mil huit cent vingt-deux (c'est écrit dans l'histoire),
Deux jours après Noël, courbant sa trajectoire,
L'Étoile d'Orient vint saluer Pasteur!

Dôle a vu sa naissance; Arbois son dur labeur;
Son essor, Besançon; Strasbourg, sa jeune gloire;
Paris, son Institut, temple et laboratoire,
Où les peuples venaient rendre hommage au sauveur!

Maître de la nature et des métamorphoses,
Il disait la raison des êtres et des choses
Et guérissait du mal la pauvre humanité!

Incarnant les vertus de sa chère Comté,
Il fut tout son génie et toute sa bonté...
Et l'Étoile a brillé pour son apothéose!

Charles COUYBA,
Ancien Ministre.

Réception
des Délégués des Associations d'Étudiants de Province et de l'Étranger

Les délégués des Associations d'Étudiants de province et des Unions Nationales étrangères venus pour commémorer le Centenaire de Pasteur furent reçus dans les différentes gares au cours de la journée du 26 décembre et se dirigèrent en de joyeux monômes vers la Maison des Étudiants. Casquettes blanches, grises, vertes et bleues, toques et bérets, bannières et drapeaux évoquaient par leurs couleurs, leurs emblèmes et leurs devises, toutes les provinces de France et presque tous les pays d'Europe. Les étudiants belges, au nombre de 200, constituaient le groupe le plus important avec de jeunes ambassadeurs intellectuels et de gracieuses ambassadrices envoyés par Louvain, Mons, Bruxelles, Liége, Anvers, Verviers. Les « Bellettriens » de Fribourg et de Lausanne, les « Stellistes » de Genève, leurs camarades alemaniques de Bâle, de Zurich, de Berne représentaient la Suisse universitaire. Les Hollandais, les Italiens, les Suédois, les Danois, les Anglais, les Yougoslaves, les Tchécoslovaques complétaient l'importante délégation de la Confédération Internationale des Étudiants.

L'Union Nationale des Associations d'Étudiants de France était représentée par les délégations de Bordeaux, Caen, Clermont-Ferrand, Grenoble, Lille, Lyon, Marseille, Mulhouse, Nancy, Poitiers, Rennes, Strasbourg, Toulouse.

Le mercredi 27, vers 10 heures, un imposant cortège se formait et se rendait à l'Hôtel de Ville, toutes bannières déployées.

Les délégations d'étudiants furent reçues dans le salon des Arcades, par M. Louis Peuch, président du Conseil municipal de Paris ; de nombreux conseillers assistaient à cette réception ; M. Aubanel, secrétaire général, représentait M. Juillard, préfet de la Seine, retenu en séance, et M. Liard représentait le préfet de police.

M. Louis Peuch souhaita la bienvenue aux étudiants venus à Paris pour célébrer Pasteur, l'une des plus pures gloires françaises. Il adressa notamment le salut de Paris aux délégués de Belgique, et termina son allocution par ces mots :

« L'enthousiasme et l'ardeur de la jeunesse studieuse de France, de Belgique et des nations amies prouvent que le vieil esprit des Universités est toujours vivace. La Ville de Paris, qui a pour ses étudiants une affection toute particulière, constate avec plaisir votre fidélité à vos glorieuses traditions. C'est avec joie qu'elle se joint à vous pour fêter la mémoire de celui que vous considérez à bon droit comme votre plus célèbre, votre plus respecté et votre plus grand « ancien ».

M. Aubanel salua les étudiants au nom de l'administration préfectorale.

M. Quintard, vice-président de l'Association nationale des Étudiants belges, remercia, au nom de ses camarades, la Ville de Paris, pour l'accueil charmant qu'elle a fait à ses hôtes. Il dit que malgré les difficultés intérieures qui se sont manifestées en Belgique, on peut compter sur les sentiments de la jeunesse universitaire qui entend conserver sa culture française.

A l'issue de la réception à l'Hôtel de Ville, les délégués se sont rendus en monôme à la Sorbonne où notre Recteur M. Appell, un peu surpris par cette visite spontanée et hors programme, les a, au milieu du hall, cordialement accueillis.

Un banquet les a ensuite fraternellement réunis à la Maison des Étudiants. M. Missoffe, Conseiller municipal, y prononça un discours très applaudi, qui fut suivi d'allocutions de MM. Gérard Péters, au nom de la Belgique, Sjœgren, au nom de la Suède, Abicht, au nom de la Suisse, Baak au nom de la Hollande, et Claude, au nom de l'A. de Paris.

Photo Harlingue, 5, rue Seveste.

Le soir eut lieu l'importante cérémonie de la Sorbonne dont nous donnons plus haut le compte rendu détaillé.

*
* *

Le lendemain jeudi, la délégation fréta un bateau parisien et cingla vers les coteaux de Sèvres et de Saint-Cloud.

Elle se rendit à la Manufacture nationale où elle fut reçue par le directeur, M. Lechevallier-Chevignard.

Elle écouta avec beaucoup d'intérêt l'histoire de la manufacture, et visita consciencieusement le musée céramique, fondé il y a un siècle par Brongniart, et l'atelier de mosaïque d'émail.

Après avoir admiré les remarquables porcelaines qui, sous leurs vitrines, montrent aux regards émerveillés la gamme de leurs coloris brillants, bleu turquoise, vert persan, rose carné, violet Pompadour, — les visiteurs s'arrêtèrent longuement devant la reproduction sur porcelaine des tableaux célèbres, chefs-d'œuvre de Raphaël, paysages de Poussin, natures mortes de Van Spaendonck et Van Huysum, etc.

Les délégués déjeunèrent au Cercle Autour du Monde où ils furent reçus par M. Fribourg, neveu de M. Albert Kahn. Puis ils visitèrent les jardins et assistèrent à une représentation cinématographique dans le salon du cercle.

*
* *

Le soir, les délégués se rendirent au Théâtre Édouard VII où ils avaient été gracieusement invités.

A la fin du deuxième acte d'*Une petite main qui se place*, ils offrirent une gerbe à Mme Yvonne Printemps. A l'entr'acte suivant Mme Yvonne Printemps et M. Lucien Guitry reçurent dans leur loge les chefs des délégations. L'accueil fut charmant. M. Guitry mit aimablement à la disposition des délégués 60 places pour le théâtre des Variétés.

*
* *

Le lendemain, les délégués se rendirent en autobus au château de Versailles où, après avoir visité le Musée et les Trianons, ils furent reçus, au bas de l'Escalier de Marbre, par M. Brière, conservateur-adjoint, et par M. le Maire de Versailles.

Le soir, ils se rendirent au Cercle Interallié où un banquet leur fut offert par la Bienvenue Française et l'Association générale des Étudiants.

M. Paul Strauss, ministre de l'hygiène, qui présidait, donna, au dessert, la

Photo Branger, 5, rue Cambon.

MONÔME DES DÉLÉGUÉS

parole à M. Claude, qui, au nom de l'Association générale des Étudiants de Paris, remercia le ministre et le gouvernement de l'intérêt qu'ils avaient apporté aux questions estudiantines.

Puis, M. Baach, délégué hollandais, parla au nom des délégations étrangères, et remercia avec émotion les étudiants français pour leur fraternelle réception.

On entendit ensuite MM. Jean Gérard, président de la Confédération Internationale des étudiants, Missoffe, au nom du Conseil municipal et du Conseil général de la Seine, Maurice Bokanowski.

M. Strauss acheva la série des discours en assurant les étudiants de la bienveillance et en notant l'impression très vive que doit laisser dans les esprits et dans les cœurs de tous les assistants une réception comme celle à laquelle on venait d'assister.

Une réception eut lieu ensuite, suivie d'un bal.

*
* *

Samedi matin les délégués ont eu la pieuse pensée d'aller porter au Soldat Inconnu le témoignage de leur admiration.

A 11 h. 30, précédés de deux couronnes et d'un groupe de drapeaux français et étrangers que le vent faisait claquer au soleil, nos hôtes se sont avancés et ont fait cercle autour du sépulcre. Les deux couronnes, celle de la Fédération internationale des étudiants et celle de l'U. N. des étudiants de France, ont été posées sur la plaque de marbre. Et lorsque M. Maurel, vice-président de l'U. N. française, eut apporté au héros inconnu le témoignage de la reconnaissance de la jeunesse universitaire française, M. Sjœgren, président de la délégation suédoise, prit la parole au nom des étudiants étrangers.

Une dernière fois les drapeaux s'abaissèrent et les têtes s'inclinèrent, tandis qu'une nombreuse foule commentait élogieusement le geste que venaient d'accomplir les délégués de la jeunesse universitaire internationale.

A 13 heures, Mme Jean Gérard et M. Jean Gérard, président de la Confédération internationale des Étudiants, ont réuni en un banquet tous les délégués au Cercle de la Renaissance, rue de Poitiers.

L'après-midi, les uns allèrent visiter le Musée du Louvre tandis que d'autres, grâce à la gentillesse de Mme Cécile Sorel, qui avait mis gracieusement quelques places à leur disposition, s'en furent au Théâtre Français applaudir *Le Malade Imaginaire* et *L'Ivresse du Sage*.

A 18 heures, tous se retrouvèrent au *Matin* où la plus cordiale réception les attendait.

Après la visite des services typographiques et photographiques, M. Marcel Knecht, au nom du *Matin*, leur dit toute la joie qu'il éprouvait à recevoir les représentants universitaires de tous les pays alliés et amis, et a félicité l'A de Paris, en la personne de Claude, de ses heureuses et fécondes initiatives.

M. Lévy, de Genève, a ensuite pris la parole au nom des délégations étrangères pour remercier le *Matin* de sa cordiale hospitalité. Puis Claude, en une allocution très applaudie, a rendu hommage au *Matin*, qui a si noblement honoré le centenaire de Pasteur, et qui n'a jamais cessé d'accorder à la cause estudiantine le plus utile des appuis.

*
* *

Le soir eut lieu à l'A un gala donné en leur honneur et présidé par M. Leclainche, inspecteur général des Écoles vétérinaires.

Notre camarade Schmitt, président de la section d'Alfort, prononça une allocution où il retraça l'influence bienfaisante qu'eut Pasteur sur la jeunesse universitaire et en particulier sur l'A dont il fut le Président d'honneur. Ce brillant discours est reproduit plus haut.

Puis nos camarades purent applaudir Mme Caristie Martel, la Muse des Armées, fondatrice de France-Belgique, qui déclama un beau sonnet de M. Couyba : *L'Etoile de Pasteur* ; le poète compositeur Théophile Dronchat ; Mlle Marcelle Roullant, premier prix du Conservatoire, qui joua au piano la *Gavotte* de Rameau ; M. Mantagutelli, dans l'air de la *Calomnie* du *Barbier de Séville* et dans *les Trois Hussards*, accompagné par Mlle Yvonne Pradier.

Puis Mme Cécile Sorel et M. Albert Lambert interprétèrent quelques scènes du *Misanthrope* et le maître Victor Gilles charma son auditoire avec le *Nocturne en ut mineur*, la *Marche Funèbre*, le *Deuxième Scherzo*, de Chopin, et la *Mort d'Iseult*, de Wagner.

Un grand bal suivit cette charmante soirée : on dansa jusqu'au matin.

*
* *

La journée du dimanche préluda par une audition des grandes orgues à Notre-Dame. A midi un banquet fraternel eut lieu à l'A.

L'après-midi, les délégués se rendirent, les uns à l'Opéra, les autres à la Renaissance où des places leur avaient été gracieusement réservées.

Le soir, un banquet eut lieu dans un restaurant du quartier Latin; puis les délégués s'en furent réveillonner à l'A.

Le lendemain, 1er janvier, ils passèrent l'après-midi au Théâtre Français et la soirée au Théâtre des Variétés où ils purent applaudir *Blanc et Noir* de Sacha Guitry. Puis ils se dirigèrent en bande joyeuse vers Montmartre.

Le lendemain était le jour désigné dans le programme officiel comme celui du départ ; mais en réalité, de nombreux délégués préférèrent demeurer encore quelques jours à Paris. Etaient-ils trop fatigués pour affronter de longs voyages? Ou, plus simplement, avaient-ils quelque peine à quitter notre Capitale et le Quartier Latin dont l'emprise est si grande sur les étrangers? En tous cas, c'est avec un sincère regret et une profonde tristesse que les étudiants de Paris virent s'éloigner ceux qui avaient été leurs camarades pendant ces quelques jours, hélas ! trop courts. Mais ils se promirent de leur rendre bientôt visite...

Photo Harlingue, 5, rue Seveste.

LES DÉLÉGUÉS ÉTRANGERS AU SOLDAT INCONNU

Nos Camarades des Universités de Belgique à Paris

Rendant la visite qu'à plusieurs reprises les étudiants de Paris ont faite aux Universités de Belgique, un groupe de deux cents étudiants belges venant de Bruxelles, Liége, Mons, Gand, Louvain et Anvers, vient, à l'occasion du centenaire de Pasteur, de séjourner cinq jours dans notre capitale.

Les chaleureux remerciements qu'ils ont exprimés à leur départ traduisent l'immense satisfaction et le souvenir vivace qu'ils emporteront de l'accueil qu'ils ont partout reçu.

Mercredi 27 décembre à l'aube. La gare du Nord était le témoin d'une bruyante animation et ses murs d'apparence si austère retentissaient des enthousiastes vivats poussés par les étudiants belges dont l'ardeur ne semblait pas altérée par une nuit de voyage. Après s'être quelque peu restaurés, nos hôtes furent conduits dans leurs hôtels respectifs, puis ils gagnèrent le Quartier Latin. Après une courte visite à la Maison des Étudiants, un imposant cortège, bannières et drapeaux déployés, se rendit à l'Hôtel de Ville où M. Puech, président du Conseil Municipal, — M. Aubanel, représentant M. le Préfet de la Seine, et M. Liard souhaitèrent une cordiale bienvenue à nos hôtes. — Notre camarade, René Quintard, de l'Université libre de Bruxelles, remercia au nom de la délégation belge les édiles parisiens et exprima en termes heureux l'admiration de la jeunesse intellectuelle belge pour notre patrie. — Après que de nombreux toast furent portés à la fraternité franco-belge, les étudiants firent une brève visite des luxueux salons de l'Hôtel de Ville et en un joyeux monôme se dirigèrent vers le « Boul' Mich' » où les rondes classiques furent dansées autour des véhicules à conducteurs grincheux. Puis à la Sorbonne les étudiants réclamèrent à grands cris notre recteur, qui avec son affabilité paternelle voulut bien répondre à cette manifestation par quelques mots qui ont été au cœur de tous nos hôtes étrangers.

Après un rapide déjeuner pris à la Maison des Étudiants, six autobus emmenèrent nos camarades à travers la capitale. Successivement le Luxembourg, les Tuileries, la Concorde, les Champs-Élysées défilèrent sous leurs yeux et après l'ascension traditionnelle de la Tour Eiffel toute la troupe gagna l'Arc de Triomphe de l'Étoile, et là, au milieu d'un pieux recueillement, M. Gérard Peters, président de l'U. N. Belge, déposa une palme de bronze sur la tombe du héros Inconnu. Le ciel s'assombrissait et déjà Paris s'illuminait lorsque les autobus emmenaient nos visiteurs sur les grands boulevards. Les techniciens se rendirent alors à la Maison des Centraux où une chaleureuse réception les attendait à laquelle prenaient part :

MM. Garnier, président ; De Baralle, secrétaire, et Borne, administrateur ainsi que MM. les professeurs Lecomte, Routiers, Roszak, Arnaud. — Les autres camarades furent reçus par l'Amicale Universitaire dans un caveau du Quartier Latin et tous se retrouvèrent pour dîner à l'A. et s'en furent en corps à la Sorbonne où deux tribunes avaient été réservées à nos camarades belges.

Le jeudi matin vers dix heures nous fûmes reçus aux Invalides par M. le Lieutenant-colonel Payard et M. le capitaine Budin qui, au cours de notre intéressante visite du musée de l'armée, nous retracèrent les grandes épopées qui firent la gloire de nos armées. La visite se termina par un pèlerinage au tombeau de l'Empereur et nos hôtes quittèrent à regret les Invalides pour se rendre à la Manufacture Nationale des Gobelins qu'ils visitèrent sous la conduite de notre camarade Blanc. — Au retour, après un court arrêt aux arènes de Lutèce, la caravane revint à l'A. pour déjeuner et dans l'après-midi divers groupes se formèrent : les carabins belges accompagnés de camarades français se rendirent à la Faculté de Médecine où notre camarade Crouzat, président de la Section de Médecine de l'A., les présenta à M. le doyen Roger qui sut, comme de coutume, trouver des paroles aimables et de circonstance qui furent très applaudies. M. René Pierre, étudiant en Médecine de l'Université de Gand, remercia M. le Doyen au nom de ses camarades belges et fit quelques déclarations qui à l'époque que nous traversons allèrent au cœur de tous les Français. Puis, M. le Doyen voulut bien nous faire les honneurs de la Faculté, de ses laboratoires, de ses salons et la visite se termina par un rapide aperçu du musée Dupuytren. En même temps, le Palais de Justice et la Sainte Chapelle recevaient un autre groupe d'étudiants et les deux cents délégués se retrouvèrent devant le musée du Louvre où ils furent accueillis par M. d'Estournelle de Constant qui en fit les honneurs.

Photo Harlingue, 5, rue Seveste.

Une rapide visite de nos grands magasins, une promenade avenue de l'Opéra et sur les grands boulevards et l'on arriva au *Matin* où au milieu du « hall » était dressée une table surchargée de coupes de champagne et de gâteaux. — M. Knecht, secrétaire de la rédaction, souhaita à nos amis belges une cordiale bienvenue au nom du *Matin* et de la *presse française* et rappela les liens qui nous unissent fraternellement au peuple belge et qui font que nous ne pouvons les considérer comme des étrangers. — M. Gérard Peters répondit au nom des étudiants belges, — Mlle Tassier, de Bruxelles, au nom des étudiantes belges et notre camarade Nigay, au nom de l'A. de Paris. — Puis de nombreux toast furent portés et le hall retentit des « hourrahs » enthousiastes qui ne cessèrent que lorsque nos camarades visitèrent les ateliers de l'imprimerie.

Puis ce fut l'ascension vers Montmartre, car le monde artistique avait tenu à manifester sa sympathie à nos visiteurs, au cours d'un joyeux dîner présidé par notre jeune République de Montmartre, Mlle Léone Walheiser, âgée de onze ans, qui portait crânement et avec une pointe de coquetterie, son petit bonnet phrygien. A la table d'honneur se trouvait le président Willette entouré de ses ministres Poulbot, Maurice Neumont, Millière et du groupe des humoristes. — Au dessert le vacarme s'apaisa, la gentille Marianne I, du haut d'un tréteau, harangua en ces termes les citoyens de Belgique :

« Mes chers Amis Belges,

« Permettez à la vieille douairière que je suis de vous dire combien je suis « émue de vous recevoir ce soir en ma République de Montmartre. Mon cher

Photo Hartingue, 5, rue Seveste.

LES ÉTUDIANTS BELGES A L'A.

« enfant Willette... hé oui, c'est mon préféré, vous a dit dans un dessin qui illustre « notre menu qu'il vous donnait tout son cœur. C'est tous nos cœurs que je vous « donne ce soir pour que vous les emportiez en Belgique notre amie. — Mes gar- « nements de Maurice Neumont, Poulbot, Millière sont heureux de vous recon- « naître pour leurs frères, car vous êtes tous mes enfants... Je vous embrasse « tous en la personne de votre président et de tout mon petit cœur je crie « Vive « la Belgique ».

De chaleureuses ovations accueillirent ces paroles, et auxquelles répondit M. Gérard Peters au nom des étudiants belges, puis le camarade Bloch exprima au nom de l'A. ses vifs remerciements à nos amis montmartrois pour la sympathie qu'ils nous ont toujours témoignée et grâce à qui la Butte Sacrée et la Montagne Sainte-Geneviève sont fraternellement unies.

Puis on entendit les chansonniers Fursy, Hyspa, Gabriello, Mlles Lyna, Tyber et Parisis, puis les camarades Firmin et Bloch entonnèrent les chansons du quartier que tous reprirent en chœur. — A une heure avancée de la nuit, les rues de Montmartre étaient encore parcourues par de joyeuses bandes en béret ou en casquette blanche.

Le vendredi matin, malgré les fatigues de la veille, nos étudiants visitaient les usines Citroën, l'usine des pavés de bois de Javel et l'après-midi les techniciens se rendaient à Gennevilliers pour visiter la supercentrale électrique. Un autre groupe était reçu à la Bourse du Commerce par M. Dechavanne au nom de la Chambre de Commerce; M. Proust, président du Syndicat de la Bourse, guida nos camarades dans les locaux, expliqua le rôle et le fonctionnement de la Bourse, fit une démonstration de l'établissement de la cote et montra les salles d'analyses des denrées alimentaires.

Photo Gaudillière, 1 bis, rue Brown-Séquard.

A VERSAILLES

Vers cinq heures, nos camarades belges se remirent de leur fatigue et purent copieusement étancher leur soif à la brasserie Karcher qui leur dispensa sans compter bière et sandwichs.

Dans la soirée, bérets et casquettes blanches se répandirent dans les théâtres, music-halls, dancings et cabarets montmartrois.

Samedi matin, le soleil qui jusque-là avait quelque peu boudé, daigna reparaître et ce fut par une riante matinée que nos camarades prirent d'assaut le bateau-mouche qui devait les emmener à Sèvres, en longeant les rives verdoyantes de la Seine. — Vers dix heures, nous étions reçus à la manufacture Nationale de Sèvres par M. Lechalier-Chevignard qui nous fit les honneurs du musée et des ateliers qui retinrent tout particulièrement l'attention de nos hôtes.

Puis un joyeux banquet nous réunissait tous à Versailles où après avoir rendu hommage à Bacchus, nous nous dirigeâmes vers le château que M. le Conservateur nous fit visiter en détail en mettant à notre service son amabilité et son érudition que nos camarades aprécièrent vivement. La venue rapide de la nuit écourta un peu notre promenade dans le parc au cours de laquelle nos amis belges purent tout de même admirer l'orangerie, le grand et le petit Trianon, et le hameau de Marie-Antoinette dont l'aspect mélancolique contrastait avec l'exubérance estudiantine.

Le soir, le théâtre des Champs-Élysées avait gracieusement mis à notre disposition un grand nombre de places et nos camarades applaudirent chaleureusement les ballets russes de Illna Leonidoff. — A la sortie du théâtre les camarades les plus vaillants dansèrent jusqu'au matin dans la salle des fêtes de notre Hostel des Escholiers.

Le dimanche matin les carabins belges se rendirent sous la conduite de notre camarade Lehmann à la Salpêtrière et à la Pitié, qu'ils purent visiter grâce à l'extrême obligeance de M. le professeur Pierre Marie, de MM. les Directeurs de ces deux hôpitaux. A la Salpêtrière, M. Boutier, médecin des hôpitaux, dit à nos amis belges tout le plaisir qu'il éprouvait à les recevoir. « La Salpêtrière, dit-il, est toujours heureuse de recevoir des étudiants étrangers, mais je me refuse à vous considérer comme des étrangers : vous êtes des nôtres. » Ces paroles touchèrent profondément nos camarades qui s'intéressèrent vivement à l'examen des malades et se rendirent ensuite à la Pitié qu'ils visitèrent en détail et dont ils apprécièrent la belle organisation.

Un groupe important de visiteurs se rendit à Notre-Dame entendre les grandes orgues et après un rapide déjeuner nos camarades belges se rendirent en pèlerinage sur la tombe du soldat belge inconnu au Père-Lachaise.

Le cortège précédé des drapeaux des Associations de Belgique et de l'A. de Paris arriva au pied du monument vers deux heures et deux gerbes aux couleurs belges et françaises furent déposées au nom de l'Union Nationale des Étudiants de Belgique et au nom de l'A. de Paris. — Puis, tandis que les étendards s'inclinaient pieusement sur la tombe, Gérard Peters, président de l'U. N. des Étudiants de Belgique, prononça au milieu du recueillement une émouvante allocution; le camarade Guillot, au nom des étudiants belges, anciens combattants, salua son ancien frère d'armes et le camarade Bloch, au nom des étudiants de Paris, rendit un pieux hommage « au héros dont la dépouille symbolise sur notre sol une fraternité d'armes que nous ne saurions oublier et qui nous impose dans la paix des devoirs de solidarité auxquels les étudiants de Paris ne failliront pas ».

Nos camarades visitèrent ensuite quelques curiosités de notre vieux Paris qu'ils allaient bientôt quitter et nombre d'entre eux escaladèrent la « Butte Sacrée » où une réception les attendait.

Jules Depaquit, père et maire de la Commune Libre de Montmartre, assisté de ses adjoints Maurice Hallé et Roger Toziny, de son capitaine des pompiers Bibendum, de son garde champêtre Mon Oncle, de son juge de paix R. Daban, leur souhaita la bienvenue et leur fit les honneurs de la mairie. Quelques discours fort peu longs prononcés, car à ce petit jeu on a rapidement soif, quelques souvenirs communs échangés et les demis se choquèrent, et le champagne coula à flot.

Puis tous quittèrent le « Cabaret de la Vache Enragée » pour assister à la réception qu'avait organisée l'Amicale des Étudiants Montmartrois. Après avoir ouï moult vieilles chansons françaises et couplets satyriques, un joyeux monôme se forma sur la Place du Tertre et regagna le Quartier Latin.

A sept heures un banquet d'adieu réunissait une dernière fois dans la salle des fêtes de l'A. les camarades belges et français. Au dessert, Claude exprima à nos hôtes tout le plaisir que nous avait causé leur séjour parmi nous et aussi les regrets que nous éprouvions au moment de leur départ. Gérard Peters, au nom de la délégation belge, remercia l'A. de Paris de son hospitalité et dit quel souvenir vivace ses camarades emporteront de leur court passage parmi nous ; il se fit en outre leur interprète en invitant les camarades français à venir le plus nombreux possible en Belgique et termina en émettant le vœu que de semblables voyages deviennent une véritable tradition. De chaleureuses ovations accueillirent ses paroles et au milieu des gais refrains estudiantins tout le monde se dirigea vers la gare du Nord.

Sur le quai, le drapeau de l'A. salua une dernière fois nos invités. — Au milieu d'un enthousiasme indescriptible nos camarades manifestèrent leur satisfaction en portant en triomphe notre camarade Bloch et la *Brabançonne* et la *Marseillaise*, chantées à pleine voix, emplirent le hall de la gare du Nord et furent l'ultime et fraternel salut de nos hôtes avant de quitter le sol parisien.

Après le départ de nos camarades, l'A. G. des Étudiants est heureuse d'exprimer publiquement sa gratitude à tous les groupements et organisations tant officiels que privés qui ont contribué à donner à ces réceptions l'éclat qu'elles méritaient, et qui ont compris l'importance que de pareilles manifestations pouvaient avoir actuellement pour le rayonnement de notre culture et le maintien de son prestige.

Le Film " Pasteur "

Mercredi soir, à la cérémonie qui eut lieu à la Sorbonne, a été présenté pour la première fois au public, un très intéressant et beau film portant, comme titre, le grand nom de Pasteur et ces deux dates mémorables : 1822-1895.

A ce film qui a été réalisé par M. Jean Epstein, sous la direction de M. Jean Benoît-Lévy, sous le contrôle de M. Adrien Bruneau, inspecteur de l'Enseignement artistique et professionnel de la Ville de Paris, l'assistance immense a fait un succès vraiment impressionnant. M. Bruneau sut en quelques mots définir l'inspiration hautement morale qui présida à la réalisation de ce film.

Très habilement, M. Epardaud, auteur du scénario, a su faire alterner les scènes biographiques et les démonstrations de laboratoire dans un rythme d'ascension qui nous initie tout à la fois à la vie d'un savant génial, bienfaiteur de l'humanité, et aux étapes successives de ses travaux grandioses, et qui aboutit finalement à l'apothéose du jubilé de 1892, présidé par Sadi Carnot.

Avant de nous montrer comment à cette date le monde entier sut rendre un hommage reconnaissant au grand savant français, le film nous fait suivre la grandiose carrière de Pasteur dès sa naissance, dans la petite maison de Dôle, au milieu des paysages pittoresques dont le caractère s'accorde bien avec la nature énergique et réfléchie des habitants. Puis nous voyons Pasteur au collège et à l'École

Normale où ses premiers travaux personnels de chimie commencent à étonner les professeurs et à attirer sur lui l'attention du monde savant. Ses études sur la dissymétrie moléculaire dénotaient déjà, en cet élève, un maître. Quelques étapes de sa carrière : Strasbourg, Lille, et le début des recherches du jeune maître sur les fermentations, recherches dont les formidables et bienfaisantes conséquences devaient immortaliser le nom de Pasteur. Ainsi le film résume clairement les grands traits de la pensée pastorienne et narre, sans jamais lasser le spectateur, la découverte du remède contre les maladies du ver à soie, du choléra des poules, du charbon qui couvrait la France de champs maudits et enfin de la rage.

Ces tableaux de la vie laborieuse du savant et de ses principales découvertes ont été reconstitués avec un soin pieux et un souci méticuleux des moindres détails. C'est ainsi que les réalisateurs du film ont tourné les scènes de la première vaccination anticharbonneuse des moutons sur les lieux mêmes où elle fut faite, dans le Clos Pasteur à Pouilly-le-Fort. Les recherches sur les maladies du ver à soie ont été reconstituées à Alais même. D'ailleurs toute cette partie scientifique et fort importante du film fut exécutée en étroite collaboration avec les disciples du maître, les savants de l'Institut Pasteur; et à plusieurs reprises il fut possible de photographier les instruments dont s'était servi Pasteur. C'est ainsi qu'on voit à l'écran, et non sans émotion, les ballons scellés par Pasteur il y a soixante ans et qui, depuis, sont restés limpides ainsi que la logique pensée du Maître le prévoyait.

Outre l'exactitude matérielle des faits, M. Epstein a su donner au film l'accent de la vérité sentimentale, au moins aussi importante que l'autre, en mettant en valeur la grande bonté de cœur du Maître. C'est ici le lieu de dire que M. Charles Mosnier, qui avait accepté la tâche difficile d'incarner la haute figure de Pasteur, composa dans ce rôle une silhouette extrêmement persuasive et douce. De sorte que Pasteur apparait dans ce film non seulement avec toute sa science, mais encore avec tout son cœur. Les scènes qui représentent la guérison et les remerciements du petit Meister sont tout particulièrement émouvantes.

Au delà de la vie de Pasteur, le film représente non seulement les grandes découvertes de Pasteur, mais aussi quelques-unes des conséquences de ces découvertes. Ces conséquences d'une multiplicité et d'une richesse inouïes sont l'actualité même. Le monde doit une partie de sa santé et de sa fortune à l'œuvre de Louis Pasteur. Une poésie puissante éclate dans le contraste entre ces formidables développements économiques, industriels et sociaux, et les minutieuses expériences de laboratoire, germes magiques d'où ces développements sont nés.

Le film s'achève sur des vues recueillies de l'Institut Pasteur et du Tombeau du savant, que la piété populaire vénère sincèrement.

La photographie impeccable due à l'opérateur Floury a su donner à ce film le caractère d'une véritable œuvre d'art.

TÉLÉGRAMMES

A l'occasion des fêtes de Pasteur, l'Académie de Paris a reçu des universités étrangères de nombreux télégrammes de félicitations.

M. Arce, recteur de l'université de Buenos-Aires, a télégraphié à notre recteur : *L'université de Buenos-Aires s'associe unanimement aux hommages rendus à Pasteur, bienfaiteur de l'humanité.*

M. F.-J. della Torre, recteur à Cordoba (République Argentine), a télégraphié :

L'université de Cordoba adhère unanimement aux hommages rendus au savant Pasteur, honneur de l'humanité.

D'autre part, Claude, président de l'A, a reçu de M. Vincent Naeser, président du Conseil national des Étudiants danois, une dépêche par laquelle les étudiants du Danemark adressent *leur hommage respectueux au génie français Pasteur, gloire de la science française, lumière universelle*, et de MM. Wassylj et Gan Petro, une lettre dans laquelle l'Union nationale des Étudiants d'Ukraine s'associe à l'hommage rendu à Pasteur qu'elle admire « *pour ce qu'il a donné à l'humanité, et qui restera toujours une image claire aux yeux des étudiants ukraniens* ».

Photo Branger.

LES DÉLÉGUÉS A L'HÔTEL DE VILLE

PARIS. — SOC. GÉNÉR. D'IMPR. ET D'ÉDIT., 71, RUE DE RENNES. *Le Gérant :* A. TOTY.

www.ingramcontent.com/pod-product-compliance
Ingram Content Group UK Ltd.
Pitfield, Milton Keynes, MK11 3LW, UK
UKHW021501260726
13993UKWH00004B/1508

9 782329 347257